环境保护
HUANJINGB

Environmental

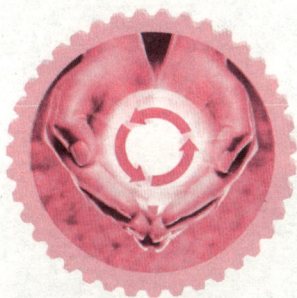

环境保护

小百科

吴波◎编著

中国出版集团
现代出版社

图书在版编目（CIP）数据

环境保护小百科／吴波编著．—北京：现代出版社，2012.12（2024.12重印）
（环境保护生活伴我行）
ISBN 978 - 7 - 5143 - 0955 - 3

Ⅰ．①环… Ⅱ．①吴… Ⅲ．①环境保护 - 青年读物
②环境保护 - 少年读物 Ⅳ．①X - 49

中国版本图书馆 CIP 数据核字（2012）第 275458 号

环境保护小百科

编　　著	吴　波
责任编辑	刘　刚
出版发行	现代出版社
地　　址	北京市朝阳区安外安华里 504 号
邮政编码	100011
电　　话	010 - 64267325　010 - 64245264（兼传真）
网　　址	www. xdcbs. com
电子信箱	xiandai@ cnpitc. com. cn
印　　刷	唐山富达印务有限公司
开　　本	710mm × 1000mm　1/16
印　　张	12
版　　次	2013 年 1 月第 1 版　2024 年 12 月第 4 次印刷
书　　号	ISBN 978 - 7 - 5143 - 0955 - 3
定　　价	57.00 元

前 言

　　地球——人类共同的家园。在这个人类赖以生存的唯一家园里，还有很多我们无法离开的生命和物质：花草树木、虫鱼鸟兽、空气、水等。地球给所有生命提供了一个适合生存的支持系统——水、空气、光、热以及各种能源等。地球上的人类、植物和动物紧密相连、不可分割，形成了一个相互依赖的生物链。在这条生物链上，缺少了任何一环，整个生态就会遭到严重的破坏。如果整个生态环境被破坏了，所有植物、动物，还有人类，都将面临灭顶之灾。美国大片《2012》这部电影表现的就是环保主题，电影告诉我们如果人类再如此肆无忌惮地破坏环境，就必定会出大问题。作为有意识、有思想的高级生物，人类应当义不容辞地担负起保护地球的重任。

　　种种环境问题迫在眉睫，增强环保意识箭在弦上。作为新世纪的生力军，广大中小学生更应该勇担重任。

　　其实，善于动脑、细心观察的你们，会发现生活中无时无处不隐藏着你不知道的环保知识。本书分六部分：第一部分，初识环保篇；第二部分，怎样吃更安全；第三部分，怎样穿更绿色；第四部分，怎样住更健康；第五部分，怎样用更环保；第六部分，怎样行更低碳，从吃穿住用行五个方面介绍了生活中常见的环保问题。掌握了这些环保知识，你的生活将会变得更健康、更绿色，我们的地球也将不再只有无奈地叹息了！行动起来吧，人人认真践行，地球青春永驻！

目　录

怎样行更低碳

附录:争做环保使者

初识环保篇
CHUSHI HUANBAO PIAN

地球上最早出现的是植物，它的绿叶在阳光下进行光合作用，地球上便有了氧气，便有了靠氧气维持生命的生物。绿色是生命之源，绿色是人类之根，还我们的地球以绿色吧！本部分为同学们介绍了地球的现状和一些环保知识，使大家初步了解我们所生活的地球。

为什么要保护地球？

地球是人类唯一的家园，在茫茫的宇宙中，除了地球之外，目前尚未发现其他适合人类生存的星球。地球是人类赖以生存的唯一家园。

在这个家园里，除了人之外，还有各种各样人类赖以生存的生命和物质：花草树木、虫鱼鸟兽、空气、水等。这些生命和物质与人类共同存在于一个和谐的地球上。水是生命之源，人的生存离不开水，人体中所含的水分约占体重的65%，如果人体损失10%以上的水分，就会导致死亡。空气，是人类活动的供氧物质，没有氧气，就没有人类的呼吸活动，人类将无法生存下去。而氧气来源于植物的光合作用，植物吸收人所排出的二氧化碳，并释放出人类需要的氧气供给动物。如果地球上没有植物，人类和其他生命都将不复存在了。在地球上，人类、植物和动物形成了一个相互依赖的生物链，在这条生物链上，缺少任何一环，整个生态就会遭到严重的破坏。地球给所有生命

地 球

提供了一个适合生存的支持系统——水、空气、光、热以及各种能源等。如果这样的支持系统遭到破坏，不只是动植物的生存环境会遭到破坏，即使是人类，也会受到很大程度的影响。

在历史的长河中，人类一直与地球和谐共存。然而，20世纪后半叶，人口剧增和经济发展，正在超越我们赖以生存的资源基础所能承载的极限。绿色的地球正在被人类制造的黑烟熏黄、染黑，人类所面临的已是一个满目疮痍、不堪重负的星球。资源匮乏、生态恶化、环境污染、气候异常和灾害频发，由此也产生了一系列的人类生存危机。

所以，只有爱护环境，保护我们赖以生存的地球，才能维护人类自己的利益，才能使人类的生活环境更舒适，人类文明也才能走得更远。

知识点

生物链。生态系统中贮存于有机物中的化学能在生态系统中层层传导，通俗地讲，是各种生物通过一系列吃与被吃的关系，把这种生物与那种生物紧密地联系起来，这种生物之间以食物营养关系彼此联系起来的序列，就像一条链子一样，一环扣一环，在生态学上被称为食物链。按照生物与生物之间的关系可将食物链分为捕食食物链、腐食食物链（碎食食物链）和寄生食物链。

延伸阅读

地球年龄的下限。地球的各大陆都存在着一些古老的稳定地块，如西格陵兰、西澳大利亚和南非等地区。这些地块上的岩石在地壳形成的初期就已经存在了，而且没有发生过后期的重熔改造。20世纪70年代已用Rb-Sr、U-Pb和Sm-Nd法精确地测定了这些岩石的年龄，其中最古老的岩石年龄可达37亿年。这一年龄可以代表地壳形成时间的下限。

地球年龄的上限。利用关于元素起源的理论可以给出地球年龄的上限。元素形成以后才形成太阳星云，继而地球等行星又从太阳星云中分异凝聚形成。根据核子合成的理论，铀同位素U和U在元素形成时的比例大约为1.64∶1。它们形成以后就以自己固有的速率进行衰变，而且铀同位素U要比U衰变得更快。因此现在地球上铀的这两个同位素的丰度比是1∶137.88。根据这两个比值，我们可以估算元素的年龄为66亿年。尽管不同的理论对铀同位素形成时丰度比的估算存在着差别，但这一年龄不会小于50亿年。

地球遭遇了哪些重大的污染？

马斯河谷事件

1930年12月1～5日发生在比利时马斯河谷工作区。当地的炼焦、炼钢、电力、玻璃、硫酸、化肥等工厂排出的有害气体在逆温的条件下，于狭窄盆地的工作区近地层累积，其中二氧化硫、三氧化硫等几种有害气体和粉尘对人体的危害极大，一周内就造成60多人死亡，以心脏病、肺病患者死亡率最高。此外，有几千人患上了呼吸道疾病，许多家畜也染病死亡。

多诺拉事件

1948年10月26～31日发生在美国宾夕法尼亚州匹兹堡市南边的一个小城镇——多诺拉镇。小镇地处河谷，工厂很多，大部分地区受反气旋和逆温控制，持续有雾。大气污染物在近地层累积。估计其中二氧化硫浓度为

0.5～2.0ppm，并存在明显的尘粒。4 天内发病者 5911 人，占全镇总人口的 43%，其中轻度患者占 15%，中度患者占 17%，重度患者占 11%；死亡 17 人，为平时周期的 8.5 倍。

洛杉矶光化学烟雾事件

20 世纪 40～50 年代初期发生在美国洛杉矶市。该市三面环山，市内高速公路纵横交错，占全市面积的 30%。全市 250 多万辆汽车每天消耗汽油约 1600 万升，由于汽车漏油、汽油挥发、不完全燃烧和汽车排气，向城市上空排放了近千吨石油烃废气、一氧化碳、氮氧化物和铅烟，在阳光照射下，生成淡蓝色的光化学烟雾，其中含有臭氧、氧化氮、乙醛和其他氧化剂成分，滞留在市区。光化学烟雾主要刺激人的眼、喉、鼻，引起眼病、喉头炎和不同程度的头疼，严重时会导致死亡。在 1955 年的一次烟雾中，共造成 400 名 65 岁以上老人死亡。

伦敦烟雾事件

1952 年 12 月 5～8 日发生于英国伦敦市。当时，英国几乎全境为浓雾覆盖，温度逆增，逆温在 40～150 米低空，使燃爆产生的烟雾不断积累。尘粒浓度最高达 $4.46mg/m^3$，为平时的 10 倍；二氧化硫浓度最高达 1.34ppm，为平时的 6 倍；加上三氧化二铁的粉尘作用，生成了大量的三氧化硫，凝结在烟尘或细小的水珠上形成硫酸烟雾，进入人的呼吸系统，导致市民胸闷气促，咳嗽喉痛，并造成约 4000 人丧生，以 45 岁以上者居多，而 1 岁以下幼儿的死亡率也在不断增加。事件发生后的两个月内还陆续有 8000 人死亡。英国环境专家认为，伦敦毒雾是和英国森林遭到破坏，特别是与泰晤士河两岸森林被毁的潜在原因有关。

水俣病事件

1953～1956 年在日本熊本县水俣市。含无机汞的工业废水污染水体，使水俣湾的鱼中毒，人食鱼后受害。1950 年出现了中枢神经性疾病患者和疯猫疯狗。水俣湾和新潟县阿贺野川下游有汞中毒者 283 人，其中 60 人死亡。1973 年两次水俣病患者共 900 多人，死亡近 50 人，两万多人受到不同程度的危害。

四日市哮喘事件

1961 年首次发生于日本四日市。1955 年以来，该市共发展了 100 多个中小企业，石油冶炼和工作燃油（高硫重油）所产生的废气，严重污染了城市空气，整个城市终年黄烟弥漫。全市工厂粉尘、二氧化硫排放量达 13 万吨，大气中二氧化硫浓度超出标准 5 ~ 6 倍，500 米厚的烟雾中飘浮着多种有毒气体和有毒的铝、锰、钴等重金属粉尘。重金属微粒与二氧化硫形成硫酸烟雾，人吸入肺中，会导致癌症和逐步削弱肺部排除污染物的能力，形成支气管炎、支气管哮喘以及肺气肿等许多呼吸道疾病，统称为"四日气喘病"，又称为"四日型喘息病"。1961 年，四日市气喘病大发作；1964 年，四日市连续 3 天烟雾不散，气喘病患者开始死亡；1967 年，一些患者不堪忍受痛苦而自杀；1970 年，气喘病患者达 300 多人，实际超过 2000 人，其中 10 多人在折磨中死亡。后来，该病蔓延到全国，到 1972 年为止，日本全国患四日气喘病者达 6376 人。

北美死湖事件

美国东北部和加拿大东南部是西半球工业最发达的地区，每年向大气中排放二氧化硫 2500 多万吨。其中约有 380 万吨由美国飘到加拿大，100 多万吨由加拿大飘到美国。20 世纪 70 年代开始，这些地区出现了大面积酸雨区，酸雨比番茄汁还要酸，多个湖泊池塘漂浮死鱼，湖滨树木枯萎。

卡迪兹号油轮事件

1978 年 3 月 16 日，美国 22 万吨的超级油轮"亚莫克·卡迪兹号"，满载伊朗原油向荷兰鹿特丹驶去，航行至法国布列塔尼海岸触礁沉没，漏出原油 22.4 万吨，污染了 350 千米长的海岸带。仅牡蛎就死掉 9000 多吨，海鸟死亡 2 万

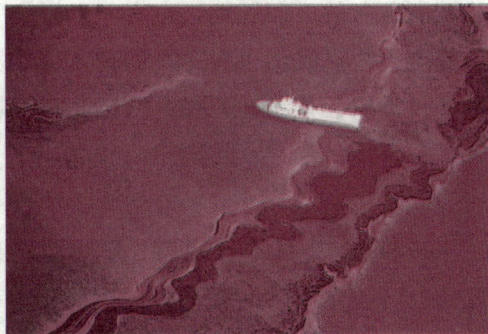

卡迪兹号油轮事件

多只。海事本身损失 1 亿多美元，污染的损失及治理费用却达 5 亿多美元，而给被污染区域的海洋生态环境造成的损失更是难以估量。

墨西哥湾井喷事件

1979 年 6 月 3 日，墨西哥石油公司在墨西哥湾南坎佩切湾尤卡坦半岛附近海域的伊斯托克 1 号平台钻机打入水下 3625 米深的海底油层时，突然发生严重井喷，使这一带的海洋环境受到严重污染。

库巴唐"死亡谷"事件

巴西圣保罗以南 60 千米的库巴唐市，20 世纪 80 年代以"死亡之谷"知名于世。该市位于山谷之中，60 年代引进炼油、石化、炼铁等外资企业 300 多家，人口剧增至 15 万，成为圣保罗的工业卫星城。企业主只顾赚钱，随意排放废气废水，谷地浓烟弥漫、臭水横流，有 20% 的人得了呼吸道过敏症，医院挤满了接受吸氧治疗的儿童和老人，使两万多贫民窟居民严重受害。

西德森林枯死病事件

西德共有森林 740 万公顷，到 1983 年为止有 34% 染上枯死病，每年枯死的蓄积量占同年森林生长量的 21% 多，先后有 80 多万公顷森林被毁。这种枯死病来自酸雨之害。在巴伐利亚国家公园，由于酸雨的影响，几乎每棵树都得了病，景色全非。黑森州海拔 500 米以上的枞树相继枯死，全州 57% 的松树病入膏肓。巴登 – 符腾堡州的"黑森林"，因枞、松绿得发黑而得名，是欧洲著名的度假胜地，也有一半树染上枯死病，树叶黄褐脱落，其中 46 万亩完全死亡。汉堡也有 3/4 的树木面临死亡。当时鲁尔工业区的森林里，到处可见秃树、死鸟、死蜂，该区儿童每年有数万人感染特殊的喉炎症。

印度博帕尔公害事件

1984 年 12 月 3 日凌晨，震惊世界的印度博帕尔公害事件发生。午夜，坐落在博帕尔市郊的联合碳化杀虫剂厂一座存贮 45 吨异氰酸甲酯贮槽的保安阀出现毒气泄漏事故。1 小时后有毒烟雾袭向这个城市，形成了一个方圆 25 英里的毒雾笼罩区。首先是近邻的两个小镇上，有数百人在睡梦中死亡。随后，火车站里的一些乞丐死亡。毒雾扩散时，居民们有的以为是瘟疫降临，有的以为是原子弹爆炸，有的以为是地震发生，有的以为是世界末日的来临。一周后，有2500人死于这场污染事故，另有1000多人危在旦夕，3000多人病入膏肓。在这一污染事故中，有15万人因受污染危害而进入医院就诊，事故发生4天后，受害的病人还以每分钟一人的速度增加。这次事故还使20多万人双目失明。博帕尔的这次公害事件是有史以来最严重的因事故性污染而造成的惨案。

切尔诺贝利核泄漏事件

1986年4月27日早晨，苏联乌克兰切尔诺贝利核电站一组反应堆突然发生核泄漏事故，引起一系列严重后果。带有放射性物质的云团随风飘到丹麦、挪威、瑞典和芬兰等国，瑞典东部沿海地区的辐射剂量超过正常情况时的100倍。核事故使乌克兰地区10%的小麦受到影响，此外由于水源污染，使苏联和欧洲国家的畜牧业大受其害。当时预测，这场核灾难，还可能导致日后10年中10万居民患肺癌和骨癌而死亡。

莱茵河污染事件

1986年11月1日深夜，瑞士巴富尔市桑多斯化学公司仓库起火，装有1250吨剧毒农药的钢罐爆炸，硫、磷、汞等毒物随着百余吨灭火剂进入下水道，排入莱茵河。警报传向下游瑞士、德国、法国、荷兰四国835千米沿岸城市。剧毒物质构成70千米长的微红色飘带，以每小时4千米速度向下游流去，流经地区鱼类死亡，沿河自来水厂全部关闭，改用汽车向居民送水，接近海口的荷兰，全国与莱茵河相通的河闸全部关闭。翌日，化工厂有毒物质继续流入莱茵河，后来用塑料塞堵下水道。8天后，塞子在水的压力下脱落，几十吨含有汞的物质流入莱茵河，造成又一次污染。11月21日，德国巴登市的苯胺和苏打化学公司冷却系统故障，又使2吨农药流入莱茵河，使河水含毒量超标准200倍。这次污染使莱茵河的生态受到了严重破坏。

雅典"紧急状态事件"

1989年11月2日上午9时，希腊首都雅典市中心大气质量监测站显示，空气中二氧化碳浓度达 318 毫克/立方米，超过国家标准（200 毫克/立方米）59%，发出了红色危险讯号。11 时浓度升至 604 毫克/立方米，超过 500 毫克/立方米紧急危险线。中央政府当即宣布雅典进入"紧急状态"，禁止所有私人汽车在市中心行驶，限制出租汽车和摩托车行驶，并下令熄灭所有燃料锅炉，主要工厂削减燃料消耗量 50%，学校一律停课。中午，二氧化碳浓度增至 631 毫克/立方米，超过历史最高纪录。一氧化碳浓度也突破危险线。许多市民出现头疼、乏力、呕吐、呼吸困难等中毒症状。市区到处响起救护车的呼啸声。下午 16 时 30 分，戴着防毒面具的自行车队在大街上示威游行，高喊"要污染，还是要我们?""请为排气管安上过滤嘴!"

海湾战争油污染事件

据估计，1990 年 8 月 2 日至 1991 年 2 月 28 日海湾战争期间，先后泄入海湾的石油达 150 万吨。1991 年多国部队对伊拉克空袭后，科威特油田到处起火。1 月 22 日科威特南部的瓦夫腊油田被炸，浓烟蔽日，原油顺海岸流入波斯湾。随后，伊拉克占领的科威特米纳艾哈麦迪开闸放油入海。科南部的输油管也到处破裂，原油滔滔入海。1 月 25 日，科接近沙特的海面上形成长 16 千米、宽 3 千米的油带，每天以 24 千米的速度向南扩展，部分油膜起火燃烧，黑烟遮没阳光，伊朗南部降了"黏糊糊的黑雨"。至 2 月 2 日，油膜展宽 16 千米，长 90 千米，逼近巴林，危及沙特。迫使两国架设浮拦，保护海水淡化厂水源。这次海湾战争酿成的油污染事件，在短时间内就使数万只海鸟丧命，并毁灭了波斯湾一带大部分海洋生物。

➡➡➡ 知识点

核电站。核电站（nuclear power plant）是利用核分裂（nuclear fission）或核融合（nuclear fusion）反应所释放的能量产生电能的发电厂。目前商业运转中的核能发电厂都是利用核裂变反应而发电。核电站一般分为两部分：利用原子核裂变生产蒸汽的核岛（包括反应堆装置和一回路系统）和利用蒸汽发电的常规岛（包括汽轮发电机系统），使用的燃料一般是放射性重金属铀、钚。

延伸阅读

发生在切尔诺贝利核事故 25 周年的日本福岛核泄漏被视为"切事故"之后最为严重的核灾难。这一灾害引发了全球对发展核能的又一轮深刻反思。福岛核灾难发生后，包括德国和日本在内的一些国家相继宣布将大幅减少对核能的依赖，其中德国明确表示将于 2022 年前关闭所有核电站。事实再次证明，核能远非真正安全的能源，而风能、太阳能等可再生的清洁能源才应是人类未来的能源发展之路。

目前地球的状况如何？

气候变化和能源浪费

据 2500 名有代表性的专家预计，海平面将升高，许多人口稠密的地区（如孟加拉国、中国沿海地带以及太平洋和印度洋上的多数岛屿）都将被水淹没。气温的升高也将给农业和生态系统带来严重影响。当时预计，1990 ~ 2010 年，亚洲和太平洋地区的能源消费将增加一倍，拉丁美洲的能源消费将增加 50% ~ 70%。因此，西方和发展中国家之间应加强能源节约技术的转让进程。我们特别应当采用经济鼓励手段，使工业家们开发改进工业资源利用效率的工艺技术。

生物的多样性减少

由于城市化、农业发展、森林减少和环境污染，自然区域变得越来越小了，这就导致了数以千计物种的灭绝。一些物种的绝迹不仅会导致许多可被用于制造新药品的分子归于消失，还会导致许多能有助于农作物战胜恶劣气候的基因归于消失，甚至会引起新的瘟疫。

土壤遭到破坏

据媒体报道，110 个国家（共 10 亿人）可耕地的肥沃程度在降低。在非洲、亚洲和拉丁美洲，由于森林植被的消失、耕地的过分开发和牧场的过度放牧，土壤剥蚀情况十分严重。裸露的土地变得脆弱了，无法长期抵御风雨的剥蚀。在有些地方，土壤的年流失量可达每公顷 100 吨。化肥和农药过度使用，与空气污染有关的有毒尘埃降落，泥浆到处喷洒，危险废料到处抛弃，所有这些都在对土地构成一般来说不可逆转的污染。

淡水资源受到威胁

据专家估计，从本世纪初开始，世界上将有 1/4 的地方长期缺水。请记住，我们不能造水，我们只能设法保护水。

化学污染

工业带来的数百万种化合物存在于空气、土壤、水、植物、动物和人体中。即使作为地球上最后的大型天然生态系统的冰盖也受到污染。那些有机化合物、重金属、有毒产品，都集中存在于整个食物链中，并最终将威胁到动植物的健康，引起癌症，导致土壤肥力减弱。

空气污染

多数大城市里的空气中含有许多因取暖、运输和工厂生产所带来的废气污染物。这些污染物严重威胁着数千万市民的健康，许多人也因此而失去了生命。

森林面积减少

最近几十年来，热带地区国家森林面积减少的情况也十分严重。1980～1990 年，世界上有 1.5 亿公顷森林消失了。按照目前这种森林面积减少的速度，40 年后，一些东南亚国家就再也见不到一棵树了。

混乱的城市化

到 2005 年末，世界上人口超千万的大城市达 21 个，大城市里的生活条件将进一步恶化：拥挤、水被污染、卫生条件差、无安全感——这些大城市的无序扩大也损害了自然区。因此，无限制的城市化应当被看作文明的新弊端。

海洋的过度开发和沿海地带被污染

由于过度捕捞，海洋的渔业资源正在以令人可怕的速度减少。因此，许多靠捕鱼为生的穷人面临着饥饿的威胁。集中存在于鱼肉中的重金属和有机磷化合物等物质有可能给食鱼者的健康带来严重的问题。沿海地区受到了巨大的人口压力。全世界有60%的人口挤在离大海不到100千米的地方，这种人口拥挤状态常常使很脆弱的这些地方失去了平衡。随着沿海地带污染加重，情况更加危急。

极地臭氧层空洞

尽管人们已签署了蒙特利尔协定书，但每年春天，在地球的两个极地的上空仍再次形成臭氧层空洞，北极的臭氧层损失20%～30%，南极的臭氧层损失50%以上。若臭氧层全部遭到破坏，太阳中的紫外线就会杀死所有陆地生命，人类的生存受到严重威胁。

臭氧层将遭破坏

➡ 知识点

臭氧层。臭氧层是指大气层的平流层中臭氧浓度相对较高的部分，其主要作用是吸收短波紫外线。大气层的臭氧主要以紫外线打击双原子的氧气，把它分为两个原子，然后每个原子和没有分裂的氧分子合并成臭氧。臭氧分子不稳定，紫外线照射之后又分为氧气分子和氧原子，形成一个持续的过程——臭氧氧气循环，如此产生臭氧层。自然界中的臭氧层大多分布在离地20～50千米的高空。

延伸阅读

　　大气中的臭氧含量仅一亿分之一，但在离地面20～50千米的平流层中，存在着臭氧层，其中臭氧的含量占这一高度空气总量的十万分之一。臭氧层的臭氧含量虽然极其微小，却具有非常强烈的吸收紫外线的功能，可以吸收太阳光紫外线中对生物有害的部分（UV-B）。由于臭氧层有效地挡住了来自太阳紫外线的侵袭，才使得人类和地球上各种生命能够存在、繁衍和发展。1985年，英国科学家观测到南极上空出现臭氧层空洞，并证实其同氟利昂（CFCs）分解产生的氯原子有直接关系。这一消息震惊了全世界。科学家警告说，地球上臭氧层被破坏的程度远比一般人想象的要严重得多。

中外著名的环保组织有哪些？

联合国环境规划署

　　乘着斯德哥尔摩人类环境会议的东风，1972年12月15日，联合国大会做出建立环境规划署的决议。1973年1月，作为联合国统筹全世界环保工作的组织，联合国环境规划署（United Nations Environment Programme，简称UNEP）正式成立。环境规划署的临时总部设在瑞士日内瓦，后于同年10月迁至肯尼亚首都内罗毕。环境规划署在世界各地设有7个地区办事处和联络处，拥有约200人的科学家、事务官员和信息处理专家具体实施计划。环境规划署是一个业务性的辅助机构，它每年通过联合国经济和社会理事会向大会报告自己的活动。

　　联合国环境规划署下设3个主要部门：环境规划理事会、环境秘书处和环境基金委员会。环境规划理事会由58个会员国组成。理事国由大会选出，任期3年，可连选连任。理事会每年举行一次会议，审查世界环境状况，促进各国政府间在环境保护方面的国际合作，为实现和协调联合国系统内各项环境计划进行政策指导等。环境基金多来自联合国会员国的捐款，用于支付联合国机构从事环境活动所需经费。

联合国环境规划署自成立以来，为保护地球环境和区域性环境举办了各项国际性的专业会议，召开了多次学术性讨论会，协调签署了各种有关环境保护的国际公约、宣言、议定书，并积极敦促各国政府对这些宣言和公约的兑现，促进了环保的全球统一步伐。中国作为联合国环境规划署的 58 个成员国之一，在规划署设立了代表处，参与了理事会的多项活动。

联合国环境规划署的成立，显示了人类社会发展的趋同性，是人类环境保护史上重要的一页。

绿　党

20 世纪 70 年代，一股"绿色政治"的风潮在欧洲大陆兴起。到 80 年代初期，一场以市民为主体的绿色运动在西方国家勃然兴起。在广泛的群众运动的基础上，80 年代在欧洲各国先后创建了绿色政治组织——绿党。德国是欧洲第一个绿党的诞生地。

这场运动既包括生态运动、环境保护运动，也包括和平运动、女权运动以及生态社会主义运动。伴随着这场广泛的社会政治运动，一个新兴的政党——绿党出现了，它成为这场绿色政治运动的核心力量，并很快成为世界政党政治舞台上一个引人注目的党派。目前，在全球化的背景下，绿色运动方兴未艾，绿党组织和活动的影响力也在扩大。特别是在欧美国家，绿党的地位在世纪之交出现了相对上升的趋势。

到 20 世纪 70 年代末和 80 年代初，欧洲出现了一批环保主义政党。1973 年在绿色政治的发源地欧洲出现了第一个绿党——英国的人民党。20 世纪 80 年代欧洲各国也纷纷建立绿党，1979 年西德环境保护者组成了政党——德国绿党。德国是欧洲第一个正式意义绿党的诞生地。

随后，欧洲以外新西兰、澳洲、美洲、非洲等地也出现了绿党。现在，绿党已遍布全球各大洲，迄今大部分欧洲国家都有绿党组织。仅欧洲绿党联盟就有 43 个成员党。

在拉美国家绿党的组织和活动日趋活跃，亚洲已正式成立的绿党，仅有蒙古、台湾地区和尼泊尔。蒙古绿党早在多政党民主开放后，于 1990 年成立，党内虽无当选的国会议员，但仍属联合政权的一部分。在我国的台湾省也有绿党存在和活动。台湾绿党成立于 1996 年 1 月。

现今全球已有超过 70 个绿党组织，并且在非洲和拉丁美洲更有该党的组织联盟。这整个的程序，当然是由设在欧盟这个大本营的绿党所特别推动的。

于是，欧洲绿党联合会在 1993 年正式宣告成立，其宗旨是建设一个环境优美、社会公正的欧洲，并同其他大陆的绿色政治组织加强联系；要建立一种真正的力量对比关系和一种新的国际，即绿党国际。

1999 年 6 月，绿党在欧洲议会的 626 个席位中占有了 47 席。在欧洲 17 个国家的议会中，绿党议员达到 206 名，欧盟 15 国，有 12 个国家的政府中有绿党成员。

国际绿色和平组织

国际绿色和平组织是由加拿大工程师戴维·麦格塔格发起、于 1971 年 9 月 15 日成立的一个国际性环境保护民间组织。国际绿色和平组织（简称"绿色和平"）是一个全球性非政府组织，该组织的总部设在荷兰阿姆斯特丹，在 40 个国家设有办事处，其成员已达 350 万人。发起人戴维曾任该组织的主席，还获得过联合国颁发的"全球 500 佳"奖。"绿色和平"以保护地球、环境及其各种生物的安全和持续性发展为使命。不论在科研还是科技发明方面，该组织都提倡有利于环境保护的解决办法。绿色和平作为一个国际环保组织，旨在寻求方法，阻止污染，保护自然生物多样性及大气层，以及追求一个无核的世界。

目前，国际绿色和平组织正致力于在全球开展以下的环保工作：提倡生物安全与可持续农业；停止有毒物质污染，推动企业责任；倡导可再生能源以停止气候暖化；保护原始森林；海洋生态保护；关注核能安全与核武器扩散；提倡符合生态原则的、公平的、可持续发展的贸易。

彩虹勇士号

彩虹勇士号（Rainbow Warrior）是"绿色和平"的象征和旗舰，这艘船的命名源自北美克里族印第安人的古老传说——当人类的贪婪导致地球出现危险时，彩虹勇士会降临人间，保护地球。

40年来，"绿色和平"在世界环境保护方面可谓贡献良多。在一些重要的国际环保问题的解决过程中起到了关键作用，如：禁止有毒废弃物向发展中国家出口；暂停商业捕鲸，并推动在南半球海洋建立鲸鱼避难所；推动联合国通过及实施公约，加强对世界渔业的管理；推动各国以预防原则管理转基因作物的环境释放；50年内暂停在南极开采矿物；禁止向海洋倾倒放射性物质、工业废物和废弃石油开采装置；禁止在深海大规模流网捕鱼；促进各国达成控制气候暖化的京都议定书；推动核不扩散条约，促成联合国达成全面禁止核试验条约等。

绿色和平组织成员常采取激进的抗议行动，虽然世界对绿色和平组织的行动评说不一，但他们作为环保非政府组织的一员，至今仍活跃在世界环保舞台上。

国际自然及自然资源保护联盟

国际自然及自然资源保护联盟（International Union for Conservation of Nature and Natural Resources，缩写 IUCN）于1948年10月5日在联合国教科文组织和法国政府在法国的枫丹白露联合举行的会议上成立，当时名为国际自然保护协会（World Conservation Union），1956年6月在爱丁堡改为现名。总部设在瑞士的格朗。

该组织的宗旨任务是通过各种途径，保证陆地和海洋的动植物资源免遭损害，维护生态平衡，以适应人类目前和未来的需要；研究监测自然和自然资源保护工作中存在的问题，根据监测所取得的情报资料对自然及其资源采取保护措施；鼓励政府机构和民间组织关心自然及其资源的保护工作；帮助自然保护计划项目实施以及世界野生动植物基金组织的工作项目的开展；在瑞士、德国和英国分别建立自然保护开发中心、环境法中心和自然保护控制中心；注意同有关国际组织的联系和合作。

该组织每3年召开一次大会。至1998年11月，该组织由74个政府成员、110个政府机构、706个非政府组织组成。1996年10月20日，中国成为该组织的政府成员。

中华环保联合会

中华环保联合会（All-China Environment Federation，英文缩写为

ACEF）是经中华人民共和国国务院批准，民政部注册，国家环保总局主管，由热心环保事业的人士、企业、事业单位自愿结成的、非营利性的、全国性的社会组织。中华环保联合会的宗旨是围绕实施可持续发展战略，围绕实现国家环境与发展的目标，围绕维护公众和社会环境权益，充分体现中华环保联合会"大中华、大环境、大联合"的组织优势，发挥政府与社会之间的桥梁和纽带作用，促进中国环境事业发展，推动全人类环境事业的进步。

知识点

> 彩虹勇士号。原名 Grampian Fame，于 1957 年在英国约克郡建造和下水，是一艘北海捕鱼拖捞船，甲板上安装了三根桅杆，绿色和平把它改装为兼备内燃机与风力推动的船，船上还配备了最新的电子导航系统、航行和通信设备。彩虹勇士号最伟大的时刻要追溯到 1985 年，在法属南太平洋的穆鲁罗瓦环礁，绿色和平抗议法国政府恢复核试。当年 7 月 10 日，这艘著名的船只在纽西兰奥克兰被炸沉。绿色和平本着"彩虹不会被炸沉"的信念，在四年后找来一艘全新的"彩虹勇士号"，延续"彩虹勇士号"的使命。

延伸阅读

联合国环境规划署成立以后，其活动主要涉及：

1. 环境评估：具体工作部门包括全球环境监测系统、全球资料查询系统、国际潜在有毒化学品中心等。

2. 环境管理：包括人类居住区的环境规划和人类健康与环境卫生、陆地生态系统、海洋、能源、自然灾害、环境与发展、环境法等。

3. 支持性措施：包括环境教育、培训、环境情报的技术协助等。此外，环境规划署和有关机构还经常举办同环境有关的各种专业会议。

4. 环境管理和环境法：沙漠化是世界上最严重的环境问题之一，所以经过环境规划署的筹备，于 1977 年召开了联合国沙漠化会议，在环境规划署内设立了防止沙漠化的工作部门。人类居住区问题一直是环境规划署工作的一个重要方面，因此环境规划署设立了与其平行的机构——联合国人类居住委员会和人类居住中心，总部也设在内罗毕。

为保护地球，曾签署哪些公约？

《拉姆萨湿地公约》

湿地的定义即陆地上所有季节性或常年积水地段，包括沼泽地、泥炭地、湿基地、湖泊、河流、稻田、海岸、滩涂、海口、珊瑚礁、红树林以及低潮时水深 6 米内的海岸带。湿地是水陆相互作用形成的独特生态系统，是自然界最富生物多样性的生态景观和人类最重要的生存环境之一。湿地被称作陆地上的天然蓄水库，它不仅为人类提供了大量的水资源，而且在蓄洪防旱、调节气候、控制土壤侵蚀、促淤造路、降解环境污染等方面起着极其重要的作用，因此，湿地被称作"自然之肾"。湿地的生态结构独特，通常拥有丰富的野生动植物资源，是众多野生动物，特别是珍稀水禽的重要栖息地。湿地还具有极高的生产力，它为人类提供大量的粮食、肉类、能源以及多种工业原料和旅游资源。但是，正是这最后一种作用的不适当开发和滥用，危及了湿地本身的生存，也不可避免地影响了其他功能的发挥。

1971 年，国际社会在伊朗的拉姆萨正式通过了《关于特别是作为水禽栖息地的国际重要湿地公约》，简称为《拉姆萨湿地公约》。公约规定各缔约国至少指定一个国立湿地列入国际重要湿地名单中，并考虑它们在养护、管理和明智利用移栖野禽原种方面的国际责任；公约要求缔约国设立湿地自然保留区，合作进行交换资料，训练湿地管理人员，需要时应召开湿地和水禽养护大会。

《联合国海洋法公约》

20 世纪 50 年代以来，随着海洋污染的日益严重，各国逐渐重视海洋污染问题，并进行合作以防止和减轻海洋污染，有关防止海洋污染的国际法因而迅速发展起来。1982 年 12 月 10 日《联合国海洋法公约》签订于牙买加，

1994 年 11 月 16 日正式生效，迄今有 158 个签约国、117 个成员国。公约对海洋污染所下的定义为："人类直接或间接把物质或能量引入海洋环境，其中包括河口湾，以致造成或可能造成损害生物资源和海洋生物、危害人类健康、妨碍包括捕鱼和海洋的其他正当用途在内的各种海洋活动，损坏海水使用质量或减损环境优美等有害影响。"《联合国海洋法公约》所提出的一系列新概念和原则，如防止环境污染、环境影响评价制度以及制定污染紧急应变计划等，均对国际法的发展起了重大的促进作用。

《保护臭氧层维也纳公约》

臭氧层是地球的保护伞，它的主要作用是防止太阳的紫外线辐射和吸收来自地球的长波辐射，它一旦遭到破坏就会使强烈的紫外线在无臭氧分子吸收阻挡的情况下无情地射向大地，从而危害人体健康和造成财产损失，并且对生态系统产生不良的影响。臭氧层破坏的人为原因是人类使用氯氟烃类物质作为制冷剂、喷雾剂、发泡剂和清洗剂所致。这类物质在大气中长期存在就能够使其浓度不断升高，通过一系列的物理化学变化，使大气平流层中的臭氧遭受破坏。

臭氧层被破坏的问题早在 20 世纪 70 年代就引起了国际社会的关注。1985 年《保护臭氧层维也纳公约》由联合国环境规划署在维也纳签订。公约于 1988 年 9 月 22 日生效，截止 1997 年 1 月，有 163 个国家、地区和国际组织加入了该公约。我国于 1989 年 9 月 11 日加入该公约。《保护臭氧层维也纳公约》规定了缔约国应当采取保护臭氧层措施和依靠国际合作以减少改变臭氧层活动的义务。作为对该《公约》的补充，1987 年在加拿大举行的国际会议上由来自 43 个国家的代表通过了《关于消耗臭氧层物质的蒙特利尔议定书》，规定了发达国家应当在 20 世纪减少氯氟烃使用量的 50%，发展中国家则在人均氯氟烃消耗量不超过 0.3 千克时可以有 10 年的宽限期。《公约》以及《议定书》等共同构成了关于保护臭氧层的条约体系。

《联合国气候变化框架公约》

气候变化问题已成为一个全球环境问题，而全球变暖则是目前气候变化的一个主要论题。全球变暖的原因可以通过温室效应来解释。大气中的水蒸气、二氧化碳、甲烷、一氧化碳和臭氧等气体部分地吸收了地表的热辐射，对这种辐射起了一部分遮挡作用，从而使地表加热升温，这样就对地面起了保温作用，因此，这种遮挡被称为"温室效应"，这些气体被称作"温室气体"。

国际社会对于全球气候变化问题的关注是在 20 世纪 80 年代开始的。联合国环境规划署和世界气象组织 1988 年成立了政府间气候变化专家委员会，专门负责有关气候变化问题及其影响的评价和对策研究工作。1992 年 6 月在巴西举行的联合国环境与发展大会上，有 153 个国家签署了《联合国气候变化框架公约》，1994 年 3 月生效，该公约现有 176 个缔约方。它为国际社会在对待气候变化问题上加强合作提供了法律框架。公约的目标是：将大气中温室气体的浓度稳定在防止气候系统受到危险的人为干扰的水平上，这一水平应当在足以使生态系统能够自然地适应气候变化、确保粮食生产免受威胁并使经济发展能够可持续地进行的时间范围内实现。

《生物多样性公约》

生物多样性是指地球上的生物（涵盖动物、植物和微生物等）在所有形式、层次和联合体中生命的多样化，包括生态系统多样性、物种多样性和基因多样性。迄今为止，地球上存在的生物约有 300 ~ 1000 万种以上。由于人类对自然资源的掠夺性开发利用，若干年来，丰富的生物多样性已受到严重威胁，许多物种正变为濒危物种。据估计，地球上 170 多万个已被鉴定的物种中，目前正以每小时 1 种，即每年近 9000 种的速度消失着。生物多样性的丧失是人类可持续发展的重要障碍，生物多样性的丧失必然减少生物圈中的生态失衡，物质循环过程受阻，间接影响全球气候变化，进而恶化人类的生存环境，限制人类生存与发展的选择机会。随着生态学的创建，人们对生物多样性价值的认识上升到伦理学、经济学的高度，支持生物多样性保护的国际公约或协定也不断制定。1992 年 6 月 5 日《生物多样性公约》在里约热内卢联合国环境与发展大会上签署。它为生物资源和生物多样性的全面保护和持续利用建立了一个法律框架。公约主要规定了缔约国应将本国境内的野生生物列入物种目标，制定濒危物种的保护计划，建立财务机制以帮助发展中国家实施管理和保护计划，利用一国生物资源必须与该国分享研究成果、技术和所得利益。

《联合国防治荒漠化公约》

根据《21世纪议程》的最新定义，荒漠化即主要由于人类不合理活动和气候变化所导致的干旱、半干旱及具有明显旱季的半湿润地区的土地退化，包括土地沙漠化、草场退化、旱作农田的退化、土壤肥力的下降等。目前，全球2/3的国家和地区，约10亿人口，全球陆地面积的1/4受到不同程度荒漠化的危害，而且仍以每年5～7万平方千米的速度在扩大，由此造成的经济损失，估计每年为423亿美元。受荒漠化影响最大的是发展中国家，特别是非洲国家。荒漠化是自然、社会、经济及政治因素相互作用的结果，人类不合理的社会经济活动是造成荒漠化的主要原因。人口增长对土地的压力，是土地荒漠化的直接原因；干旱土地的过度放牧、粗放经营、盲目垦荒、水资源的不合理利用、过度砍伐森林、不合理开矿等是人类活动加速荒漠化扩展的主要表现。

荒漠化是地球土地资源面临的一个严重问题。1994年10月14日《联合国防治荒漠化公约》在巴黎签署，它的全称是《在经历严重干旱或荒漠化的国家尤其是在非洲，防治荒漠化公约》。公约1996年12月26日生效。《联合国防治荒漠化公约》的一个特别之处是它从谈判到生效所花的时间很短，整个过程只用了不到4年时间，可见国际社会在防治荒漠化问题上很快地达成了一致。现有107个国家批准了该公约。公约宣布其目标是为实现受干旱和荒漠化影响地区的可持续发展，通过国际合作防止干旱和荒漠化，尤其是防止在非洲的干旱和荒漠化。

➤➤➤ 知识点

温室效应。温室效应主要是由于现代化工业社会过多燃烧煤炭、石油和天然气，这些燃料燃烧后放出大量的二氧化碳气体进入大气造成的。二氧化碳气体具有吸热和隔热的功能，它在大气中增多的结果是形成一种无形的玻璃罩，使太阳辐射到地球上的热量无法向外层空间发散，其结果是地球表面变热起来。因此，二氧化碳也被称为温室气体。

延伸阅读

国外最新研究证明，原先认为对臭氧层无害且已上市取代氟利昂的 4 种化学制品，仍可能是臭氧层的杀手。这 4 种化学制品中，占第一位的是正丙基溴化物，这是美国环保局 1997 年批准用来替代氟利昂的新溶剂。而现在看来，它也正是吞食臭氧层的新"杀手"。美国环保局原来同意它上市，是认为它在大气中不到两星期就会分解，因此不会到达臭氧层。而美国伊利诺伊大学的科研人员早就提醒过，正丙基溴化物如在热带地区被释放到大气中，受动态气候系统的影响，可能在几天内就能到达臭氧层。还有 3 种原来认为对臭氧层无害的化学制品，今后也可能禁止上市。它们是六氯丁二烯（一种溶剂，也是生产聚氯乙烯的副产品）、哈龙－1202（用于军用飞机和坦克中的灭火剂）和 6－溴－2－甲氧萘（用于农用薰蒸消毒剂）。

什么是循环经济？

循环经济（cyclic economy）即物质闭环流动型经济，是指在人、自然资源和科学技术的大系统内，在资源投入、企业生产、产品消费及其废弃的全过程中，把传统的依赖资源消耗的线形增长的经济，转变为依靠生态型资源循环来发展的经济。

循环经济按照自然生态系统物质循环和能量流动规律重构经济系统，使经济系统和谐地纳入到自然生态系统的物质循环的过程中，建立起一种新形态的经济，循环经济在本质上就是一种生态经济，要求运用生态学规律来指导人类社会的经济活动，是在可持续发展的思想

低碳婚礼，倡导绿色消费

指导下，按照清洁生产的方式，对能源及其废弃物实行综合利用的生产活动过程。它要求把经济活动组成一个"资源—产品—再生资源"的反馈式流程；其特征是低开采，高利用，低排放。本质上是一种生态经济，它要求运用生态学规律来指导人类社会的经济活动。

循环经济是对"大量生产、大量消费、大量废弃"的传统经济模式的根本变革。其基本特征是：在资源开采环节，要大力提高资源综合开发和回收利用率；在资源消耗环节，要大力提高资源利用效率；在废弃物产生环节，要大力开展资源综合利用；在再生资源产生环节，要大力回收和循环利用各种废旧资源；在社会消费环节，要大力提倡绿色消费。

知识点

> 绿色消费是指消费者对绿色产品的需求、购买和消费活动，是一种具有生态意识的、高层次的理性消费行为。绿色消费是从满足生态需要出发，以有益健康和保护生态环境为基本内涵，符合人的健康和环境保护标准的各种消费行为和消费方式的统称。绿色消费包括的内容非常宽泛，不仅包括绿色产品，还包括物资的回收利用、能源的有效使用、对生存环境和物种的保护等，可以说涵盖生产行为、消费行为的方方面面。

延伸阅读

我国循环经济的发展要注重从不同层面协调发展，即小循环、中循环、大循环加上资源再生产业（也可称为第四产业或静脉产业）。

小循环——在企业层面，选择典型企业和大型企业，根据生态效率理念，通过产品生态设计、清洁生产等措施进行单个企业的生态工业试点，减少产品和服务中物料和能源的使用量，实现污染物排放的最小化。

中循环——在区域层面，按照工业生态学原理，通过企业间的物质集成、能量集成和信息集成，在企业间形成共生关系，建立工业生态园区。

大循环——在社会层面，重点进行循环型城市和省区的建立，最终建成循环经济型社会。

资源再生产业——建立废物和废旧资源的处理、处置和再生产业，从根本上解决废物和废旧资源在全社会的循环利用问题。

与环境有关的节日有哪些？

目前世界性的与环境有关的节日有 14 个，按时间顺序排分别是：水日、气象日、地球日、无烟日、环境保护日、防治荒漠化和干旱日、禁毒日、人口日、保护臭氧层日、旅游日、粮食日、生物多样性日以及植树节、爱鸟周（节）等。

1. 世界水日（3 月 22 日）。1993 年 1 月 18 日，第 47 届联合国大会作出决定，从 1993 年开始，每年的 3 月 22 日为"世界水日"。人类的一切生活和经济活动都极大地依赖于水资源的开发、利用和保护，确立"世界水日"标志着水的问题日益为世界各国所重视，旨在唤醒全世界充分认识当前世界性的水危机和水污染，人人都来关心水、爱惜水、保护水。

2. 世界气象日（3 月 23 日）。1960 年 6 月，世界气象组织（WMO）决定，以每年的 3 月 23 日为"世界气象日"。该组织要求其成员国每年在这一天举行纪念和宣传活动。1995 年 5 月 30 日，参加第 12 届世界气象大会的 178 个世界气象组织成员国一致同意，气象组织要加强其在环境领域的活动，使气象日活动更加增添了环境保护的色彩。

3. 世界地球日（4 月 22 日）。每年的 4 月 22 日是"世界地球日"。地球日是从 1970 年 4 月 22 日美国的一次规模宏大的群众性环境保护活动开始的，这一天全美国有 2000 多万人，1 万多所中小学、2000 所高等院校、2000 个社区和各大团体参加了这次活动，人们举行集会、游行、宣讲和其他多种形式的宣传活动，高举着受污染的地球模型、巨画和图表，高呼口号，要求政府采取措施保护环境。这是人类有史以来第一次群众性的环境保护运动。

4. 世界无烟日（5 月 31 日）。1989 年世界卫生组织将每年的 5 月 31 日定为"世界无烟日"，告诫人们吸烟污染环境，有害健康；呼吁全世界所有吸烟者在世界无烟日这一天主动停止或放弃吸烟；呼吁烟草推销单位和个人，在这一天自愿停止公开销售活动和各种烟草广告宣传。

5. 世界环境保护日（6月5日）。20世纪60年代以来，世界范围内的环境污染越来越严重，污染所带来的问题也与日俱增，环境问题和环境保护逐渐成为国际社会所关注的焦点。

1972年联合国在瑞典的斯德哥尔摩召开了有113个国家参加的联合国人类环境会议。会议讨论了保护全球环境的行动计划，通过了《人类环境宣言》。会议建议联合国大会将这次会议开幕的6月5日定为"世界环境保护日"。

联合国根据当年的世界主要环境问题及环境热点，有针对性地制定每年的"世界环境保护日"的主题。同年10月联合国大会第27届会议接受并通过了这一建议。每年的6月5日，世界各国都开展群众性的环境保护宣传纪念活动，以唤起全世界人民都来注意保护人类赖以生存的环境，自觉采取行动参与环境保护的共同努力，同时要求各国政府和联合国系统为推进环境保护进程作出贡献。联合国环境规划署同时发表《环境现状的年度报告书》，召开表彰"全球500佳"国际会议。联合国环境规划署希望通过每年的"世界环境保护日"主题，使人们成为推动可持续发展和公平发展的积极行动者，使全人类拥有一个安全而繁荣的未来。

中国代表团积极参与了上述宣言的起草工作，并在会上提出了经周恩来总理审定的中国政府关于环境保护的32字方针："全面规划，合理布局，综合利用，化害为利，依靠群众，大家动手，保护环境，造福人民。"

同年，第27届联合国大会根据斯德哥尔摩会议的建议，决定成立联合国环境规划署，并确定每年的6月5日为世界环境保护日，要求联合国机构和世界各国政府、团体在每年6月5日前后举行保护环境、反对公害的各类活动。联合国环境规划署也在这一天发表有关世界环境状况的年度报告。

6. 世界防治荒漠化和干旱日（6月17日）。1994年12月，联合国第49届大会通过了115号决议，宣布：从1995年起，每年6月17日为"世界防治荒漠化和干旱日"。呼吁各国政府重视土地沙化这一日益严重的全球性环境问题。

7. 国际禁毒日（6月26日）。毒品泛滥已是当今世界最为严重的问题之一，积极开展国际禁毒斗争，是国际社会刻不容缓的任务。1987年6月，联合国在维也纳召开部长级国际禁毒会议，建议设立国际禁毒日。1988年，第42届联合国大会确定每年6月26日为"国际禁毒日"，它标志着毒品问题已成为全球共同关心的重大问题。

8. 世界人口日（7月11日）。据有关专家推算，地球上第50亿个人在1987年出生。联合国人口活动基金会（UNFPA）根据这一推算，假定1987年7月11日为世界人口突破50亿大关日，倡议在这一天举行"世界50亿人口日"活动。此后，于1990年7月11日，联合国又确定并发起举行了第一个"世界人口日"，同时将7月11日定为"世界人口日"。

9. 国际保护臭氧层日（9月16日）。1995年1月23日，联合国大会通过决议，确定从1995年开始，每年的9月16日为"国际保护臭氧层日"。"国际保护臭氧层日"的确定，进一步表明了国际社会对臭氧层耗损问题的关注和对保护臭氧层的共识。

10. 世界旅游日（9月27日）。世界旅游日是由世界旅游组织确定的旅游工作者和旅游者的节日。从1980年起，有关国家每年都在这一天组织一系列庆祝活动，如发行纪念邮票，举办明信片展览，推出新的旅游路线，开辟新旅游点等，一些饭店和旅游服务设施还实行减价。旅游业与环境保护密切相关。有一个好的环境才能吸引游客，相反，倘若大气、水被污染或水土流失、植被破坏、山石裸露、沙尘风暴骤起，则很难吸引旅游者前去观光。

11. 世界粮食日（10月16日）。1979年11月，第20届联合国粮食及农业组织（FAO）大会决议确定，1981年10月16日是首届"世界粮食日"，此后每年的这一天都将作为"世界粮食日"，举行有关活动。联合国粮食及农业组织大会决定举办世界粮食日活动的宗旨在于唤起世界对粮食和农业生产的高度重视。

12. 国际生物多样性日（12月29日）。1994年12月19日联合国大会第49/119号决议案宣布12月29日为"国际生物多样性日"。国际生物多样性日的诞生，说明人类已经省悟到生物多样性是人类赖以生存和发展的基础。这个国际纪念日的确立，还说明生物多样性问题已经引起国际社会和各国政府的广泛关注，生物多样性保护与持续利用已成为人类环境领域的中心议题。

13. 植树节。树木与人类生存息息相关，世界上有许多国家越来越重视植树造林。据联合国有关组织统计，规定植树节、造林日、绿化周（月）的已多达50多个国家和地区。今日世界不分民族、国家、地域，人们经过几千年的社会实践，积累了一个共同的经验，即绿色森林是人类生命的摇篮，人类生存和发展像离不开太阳一样离不开森林。美国早在1872年便从阿拉斯加州开始建立植树节，到了20世纪80年代初期，又把每年4月最后一个星期五作为全国统一的植树节。我国的植树节是每年的3月12日。

14. 世界爱鸟周与爱鸟节。世界上有许多国家政府为了普及爱鸟知识和提高人民对护鸟的认识，根据本国的季节气候规定了爱鸟日、爱鸟节或爱鸟周、爱鸟月。1981年，我国国务院批转了林业部等8个部门《关于加强鸟类保护执行中日候鸟保护协定的请示》报告，要求各省、市、自治区都要认真贯彻执行，并确定每年的4月至5月初的一个星期内为"爱鸟周"，到1983年年底全国已有28个省、市、自治区选定了"爱鸟周"。

知识点

国际禁毒日这天也成了特别关注毒品问题的日子。毒品不仅危害人体健康，在其生产过程中还严重破坏生态系统。世界上用于生产毒品植物的地区大部分集中在有热带森林的地区，种植者为了不被发现或是提高产量，总是到处流动，任意砍伐森林，开垦新地，造成水土流失。另外毒品种植者大量使用化肥、除草剂和其他杀霉菌剂，严重污染土壤和河流。此外，还破坏了植物的多样性。在1公顷热带森林中，一般存活300多个植物品种，而在1公顷种植毒品植物的土地上只有唯一的一个植物品种。

延伸阅读

历届"世界环境保护日"的主题如下：

1974　只有一个地球

1975　人类居住

1976　水，生命的重要源泉

1977　关注臭氧层破坏、水土流失、土壤退化和滥伐森林

1978　没有破坏的发展

1979　为了儿童的未来——没有破坏的发展

1980　新的十年，新的挑战——没有破坏的发展

1981　保护地下水和人类食物链，防治有毒化学品污染

1982　纪念斯德哥尔摩人类环境会议十周年——提高环境意识

1983　管理和处置有害废弃物，防治酸雨破坏和提高能源利用率

1984　沙漠化

1985　青年、人口、环境

1986　环境与和平

1987　环境与居住

1988　保护环境、持续发展、公众参与

1989　警惕全球变暖

1990　儿童与环境

1991　气候变化——需要全球合作

1992　只有一个地球——关心与分享

1993　贫穷与环境——摆脱恶性循环

1994　一个地球一个家园

1995　各国人民联合起来，创造更加美好的世界

1996　我们的地球，居住地、家园

1997　为了地球上的生命

1998　为了地球上的生命，拯救我们的海洋

1999　拯救地球就是拯救未来

2000　环境千年，行动起来

2001　世间万物生命之网

2002　让地球充满生机

2003　水——20亿人生命之所系

2004　海洋存亡，匹夫有责

2005　营造绿色城市，呵护地球家园

HUANJING BAOHU XIAOBAIKE

2006　莫使旱地变为沙漠

2007　冰川消融，后果堪忧

2008　促进低碳经济

2009　关注气候变化

2010　多样的物种，唯一的地球，共同的未来

2011　森林，大自然为您效劳

2012　绿色经济，你参与了吗？

常见的环保标志有哪些？

环境标志

　　环境标志亦称绿色标志、生态标志，是指由政府部门或公共、私人团体依据一定的环境标准向有关厂家颁布证书，证明其产品的生产使用及处置过程全都符合环保要求，对环境无害或危害极少，同时有利于资源的再生和回收利用。

　　环境标志工作一般由政府授权给环保机构。环境标志能证明产品符合要求，故具证明性质；标志由商会、实业或其他团体申请注册，并对使用该证明的商品具有鉴定能力和保证责任，因此具有权威性；因其只对贴标产品具有证明性，故有专证性；考虑环境标准的提高，标志每3－5年需重新认定，又具时限性；有标志的产品在市场中的比例不能太高，故还有比例限制性。通常列入环境标志的产品的类型为：节水节能型、可再生利用型、清洁工艺型、低污染型、可生物降解型、低能耗型。

中国节能产品认证标志

　　"中国节能产品认证标志"由"energy"的第一个字母"e"构成一个圆形图案，中间包含了一个变形的汉字"节"，寓意为节能。缺口的外圆又构成"CHINA"的第一字母"C"，"节"的上半部简化成一段古长城的形状，与下半部构成一个烽火台的图案一起，象征着中国。"节"的下半部又是

"能"的汉语拼音第一字母"N"。整个图案中包含了中英文，以利于国际接轨。

该标志整体图案为蓝色，象征着人类通过节能活动还天空和海洋以蓝色。该标志在使用中根据产品尺寸按比例缩小或放大。中国节能产品认证标志的所有权属于中国节能产品认证管理委员会，使用权归中国节能产品认证中心。凡盗用、冒用和未经许可制作本标志，将根据《中华人民共和国节约能源法》追究当事人的法律责任。

中国节能产品认证标志

节能产品认证是依据我国相关的认证用标准和技术要求，按照国际上通行的产品认证制定与程序，经中国节能产品认证管理委员会确认并通过颁布认证证书和节能标志，证明某一产品为节能产品的活动，属于国际上通行的产品质量认证范畴。

中国节能产品认证管理委员会作为我国节能产品认证的最高权力机构，由国家经济贸易委员会牵头组织并直接领导，接受国家质量监督局的指导、管理和全社会的监督。中国节能产品认证管理委员会由来自国家经贸委、科技部、国家发展计划委员会等经济综合部门的领导，建设部、信息产业部、国家环保总局、国家机械局、国家轻工业局及国家电力公司等节能产品生产和使用的部分行业的专家，以及中国标准化与信息分类编码研究所、中国计量科学研究院、国家计委能源研究所和清华大学等科研院校的专家学者等15人组成，具有广泛性、代表性和权威性。

中国节能产品认证中心是由国家经贸委和国家质量技术监督局批准成立的。中国节能产品认证中心是中国节能产品认证管理委员会领导下的工作实体，是具有明确法律地位、财务和人员独立的第三方认证机构，具体负责认证工作的实施。中国节能产品认证中心设在中国标准化与信息分类编码研究所。

我国节能产品几乎涉及国民经济和社会生活的各个领域。本着逐步开展、分类进行认证的原则，中国节能产品认证管理委员会确定首批拟开展认证的产品有以下三大类：绿色照明产品，包括紧凑型荧光灯和交流电子镇流器；家用电冰箱；工业耗能产品，包括风机和水泵。这些产品使用量大，面广，

HUANJING BAOHU XIAOBAIKE

节能潜力巨大，由节能带来的环保效益和经济效益也十分显著。

绿色食品标志

绿色食品标志

绿色食品标志由三部分构成，即上方的太阳、下方的叶片和中心的蓓蕾。标志为正圆形，意为保护。整个图形描绘了一幅明媚阳光照耀下的和谐生机，告诉人们绿色食品正是出自纯净、良好生态环境的安全无污染食品，能给人们带来蓬勃的生命力。绿色食品标志还提醒人们要保护环境，通过改善人与环境的关系，创造自然界新的和谐。绿色食品分为 A 级和 AA 级。

A 级标志为绿底白字，AA 级标志为白底绿字。该标志由中国绿色食品协会认定颁发。

A 级绿色食品，系指在生态环境质量符合规定标准的产地，生产过程中允许限量使用限定的化学合成物质，按特定的生产操作规程生产、加工，产品质量及包装经检测、检查符合特定标准，并经专门机构认定，许可使用 A 级绿色食品标志的产品。

AA 级绿色食品（等同有机食品），系指在生态环境质量符合规定标准的产地，生产过程中不使用任何有害化学合成物质，按特定的生产操作规程生产、加工，产品质量及包装经检测、检查符合特定标准，并经专门机构认定，许可使用 AA 级绿色食品标志的产品。

绿色食品标志是由中国绿色食品发展中心在国家工商行政管理局商标局正式注册的质量证明商标。绿色食品标志作为一种特定的产品质量的证明商标，其商标专用权受《中华人民共和国商标法》保护。

回收标志

这个形成特殊三角形的三箭头标志，就是这几年在全世界变得十分流行起来的循环再生标志，有人把它简称为回收标志。它被印在各种各样的商品和商品的包装上，在可乐、雪碧的易拉罐上你就能找到它。这个特殊的三角形标志有两方面的含义：

第一：它提醒人们，在使用完印有这种标志的商品包装后，请把它送去回收，而不要把它当作垃圾扔掉。

第二：它标志着商品或商品的包装是用可再生的材料做的，因此是有益于环境和保护地球的。

回收标志

在许多发达国家，人们在购买商品时总爱找一找，看商品上是否印有这个小小的三箭头循环再生标志。许多关心保护环境、保护地球资源的人只买印有这个标志的商品，因为多使用可回收、可循环再生的东西，就会减少对地球资源的消耗。

中国节水标志

中国节水标志

中国节水标志由水滴、人手和地球变形而成。绿色的圆形代表地球，象征节约用水是保护地球生态的重要措施。标志留白部分像一只手托起一滴水，手是拼音字母 JS 的变形，寓意节水，表示节水需要公众参与，鼓励人们从我做起，人人动手节约每一滴水；手又像一条蜿蜒的河流，象征滴水汇成江河。

本标志由江西省井冈山师范学院团委康永平设计，2000 年 3 月 22 日揭牌。

中国节水标志既是节水的宣传形象标志，同时也作为节水型用水器具的标志。对通过相关标准衡量、节水设备检测和专家委员会评定的用水器具，予以授权使用和推荐。

北欧白天鹅标章

北欧白天鹅标章的图样（Environmentally-Label）为一只白色天鹅翱翔于图形绿色背景中，此乃由北欧委员会（Nordic Council）标志衍生而得。

北欧白天鹅标章

获得使用标章之产品，在印制标章图样时应于"天鹅"标章上方标明北欧天鹅环境标章，于下方则标明至多三行之使用标章理由。

北欧白天鹅环保标章于 1989 年由北欧部长会议决议发起，统合北欧国家，发展出一套独立公正的标章制度。为全球第一个跨国性的环保标章系统。是统一由厂商自愿申请及具正面鼓励性质的产品环境标章制度，参与的国家包括挪威、瑞典、冰岛及芬兰四个国家，并组成北欧合作小组共同主管。产品规格分别由 4 个国家研拟，但经过其中一国的验证后，即可通行四国。在各组成国中各有一个国家委员会负责管理各国内白天鹅环保标章的工作事宜。各国委员代表再组成白天鹅环保标章协调组织，负责决定最终产品种类与产品规格标准之制定事宜。只要经环保标章协调组织同意，各国均可依据国内状况进行产品环保标章规格标准的开发。

各国在产品项目的选取上，考量的因素包括产品环境冲击、产品对环境潜在的环境改善潜力与市场的接受程度。因此，会进行详细的市场调查，包括现有市场商品的种类、数量及制造国家、消费者需求与产品竞争情形等。目前陆续开放的服务业标章包括旅馆、餐饮、照相馆、干洗店等。

环境标志制度发展迅速，从 1977 年开始至今已有 20 多个发达国家和 10 多个发展中国家实施这一制度，这一数目还在不断增加。如加拿大的"环境选择方案"（ECP）、日本的"生态标志制度"、北欧 4 国的"白天鹅制度"、奥地利的"生态标志"、法国的"NF 制度"等。

知识点

生物降解。生物降解是指有机污染物在生物或其酶的作用下分解的过程，一般指微生物的分解作用，有可能是微生物的有氧呼吸，有可能是微生物的无氧呼吸。生物降解的研究内容包括生物自身所具有的降解能力、有机物降解难易的规律、水溶性和非水溶性有机物生物降解的机理、以及生物降解的途径等。

延伸阅读

　　环境标志起源于20世纪70年代末的欧洲，在国外，被称为生态标签、蓝色天使、环境选择等，国际标准化组织将其称为环境标志。1978年，德国首先实施了环境标志，截止到2006年他们已对100多类4000多种产品颁发了环境标志，国际上已有欧洲、美国、加拿大、日本等30多个国家和地区实施了环境标志，环境标志在全球范围内已成为防止贸易壁垒、推动公众参与的有力工具。1994年5月17日，国家环保总局、国家质检总局等11个部委的代表和知名专家组成中国环境标志产品认证委员会，其常设机构——认证委员会秘书处是经国家产品认证机构认可委员会认可的，代表国家对绿色产品进行权威认证，并授予产品环境标志的唯一机构。

常用的环保标语有哪些?

1. 环境保护从我身边做起。
2. 青山清我目、流水静我耳。
3. 尊崇自然、敬畏生命。
4. 赞化天地、道法自然。
5. 善待地球就是善待自己。
6. 拯救地球就是拯救未来。
7. 有限的资源，无限的循环。
8. 但存方寸地，留与子孙耕。
9. 珍惜自然资源，共营生命绿色。
10. 人类离不开花草，就像婴儿离不开母亲的怀抱。
11. 花草树木对人笑，因为人类爱环保。
12. 多种一棵树，世界上就多一片绿色。
13. 郁郁葱葱，创新州。
14. 万人齐参与，共建"绿色生命树"。
15. 我是有生命的躯干，你是有德行的贤君。

16. 保护树木，就是保护我们人类。

17. 为了子孙后代，请留下一片净土。

18. 草木无情皆愿翠　行人有情多爱惜。

19. 青草绿树你我他　咱们同住一个家。

20. 美丽的校园，美丽的家，永远的美丽靠大家。

21. 人间知音难觅，校园草坪难培。

22. 举手之劳，美化校园。

23. 校园是我家，美丽靠大家。

24. 保护地球，就从美化校园开始吧！

25. 用我们的爱心，迎来校园的一片绿。

26. 让校园变成绿色家园，让祖国变成绿色宝库。

27. 学校是我家，绿化靠大家。

28. 123，321，保护树木是第一。

29. 美我校园重在每一举动。

30. 学校是我家，美化靠大家。

31. 让校园成为绿色殿堂。

32. 爱花、爱草、爱树、爱校园。

33. 把绿色带入校园。

34. 让绿色的希望从校园萌芽。

35. 保护环境系各人，美化校园靠大家。

36. 绿色——永恒的美；学校——永远的家。

37. 你栽一棵树，我栽一棵树，我们共同为校园添绿。

38. 为了校园更美，请勿摘花。

39. 学校是我家，保护环境靠大家。校园是我家，卫生靠大家。

40. 种一棵树，就像给校园一份礼物。

41. 学校是我家，环保靠大家。

42. 伸出你的手，伸出我的手，让纸屑远离我们的校园。

43. 校园整洁，大家开心。

44. 美好校园需要我们共同建设。

45. 美好的校园环境，需要大家共同建设和创造。

46. 环境保护，人人有责。

47. 保护环境是一项必须长期坚持的基本国策。

48. 实施科教兴国与可持续发展战略。

49. 自然不可改良、生活可以选择，选择绿色生活、健康适度消费。

50. 除了足迹，我们什么也没有留下；除了摄影，我们什么也没有带走。

知识点

可持续发展，系指满足当前需要而又不削弱子孙后代满足其需要之能力的发展。可持续发展还意味着维护、合理使用并且提高自然资源基础，这种基础支撑着生态抗压力及经济的增长。可持续的发展还意味着在发展计划和政策中纳入对环境的关注与考虑，而不代表在援助或发展资助方面的一种新形式的附加条件。

延伸阅读

世界著名的环保人物

蕾切尔·卡尔逊，美国人，女，著名作家、科学家和生态学家。在1962年的著作《寂静的春天》中，详述杀虫剂对环境的伤害，并对化学毒害问题提出警告，开启了美国直至其后世界范围内的环保革命。被誉为"生态之母"。

E. F. 舒马赫，被尊称为"可持续发展的先知"。1973年在其著作《小即是美》中，质疑西方经济目标是否值得向往，反对核能与化学农药，也批评以经济增长作为衡量国家进步的标准。

乔纳森·波里特，英国人，1970年代英国"生态党"（绿党前身）党魁，1984年，他出任欧洲最大的环保团体之一"地球之友"的领导人。2001年，英国首相布莱尔任命他为"可持续发展委员会"主席。2005年，他呼吁布莱尔将英国内阁大臣动员起来一起对抗温室气体排放问题。

大卫·艾登堡，英国人，是著名的生物学家和英国BBC最著名的自然生态节目主持人和制作人。他透过电视，以揭示物种起源，探索生物进化，研究人与环境的协调发展为目的，唤起大众的自然意识。著有《地球上的生命》等书。

供人类使用的能源有哪些？

自然界中的能源虽然有很多种类，但根据它们的初始来源，当前也只概括为四大类。

第一类是与原子核反应有关的能源。这是某些物质在发生原子核反应时释放能量。原子核反应主要有裂变反应和聚变反应。目前在世界各地运行的440多座核电站就是使用铀原子核裂变时放出的热量。使用氘、氚、锂等轻核聚变时放出能量的核电站正在研究之中。世界上已探明的铀储量约490万吨，钍储量约275万吨。这些裂变燃料足够人类使用到迎接聚变能的到来。聚变燃料主要是氘和锂，海水中氘的含量为0.03克/升，据估计地球上的海水量约为13.5亿立方千米，所以世界上氘的储量约40万亿吨；地球上的锂储量虽比氘少得多，也有2000多亿吨，用它来制造氚，足够人类过渡到氘、氚聚变的年代。这些聚变燃料所释放的能量比全世界现有能源总量放出的能量大千万倍。按目前世界能源消费的水平，地球上可供原子核聚变的氘和氚，能供人类使用上千亿年。因此，只要解决核聚变技术，人类就将从根本上解决能源问题。实现可控制的核聚变，以获得取之不尽、用之不竭的聚变能，这正是当前核科学家们孜孜以求的。

第二类是与地球内部的热能有关的能源。地球是一个大热库，从地面向下，随着深度的增加，温度也不断增高。从地下喷出地面的温泉和火山爆发喷出的岩浆就是地热的表现。地球上的地热资源贮量也很大，按目前钻井技术可钻到地下10千米的深度，估计地热能资源总量相当于世界年能源消费量的400多万倍。

第三类是与太阳有关的能源。太阳能除可直接利用它的光和热外，它还是地球上多种能源的主要源泉。目前，人类所需能量的绝大部分都直接或间接地来自太阳。正是各种植物通过光合作用把太阳能转变成化学能在植物体内贮存下来。这部分能量为人类和动物界的生存提供了能源。煤炭、石油、天然气、油页岩等化石燃料也是由古代埋在地下的动植物经过漫长的地质年代形成的。它们实质上是由古代生物固定下来的太阳能。此外，水能、风能、波浪能、海流能等也都是由太阳能转换来的。从数量上看，太阳能非常巨大。理论计算表明，太阳每秒钟辐射到地球上的能量相当于 500 多万吨煤燃烧时放出的热量；一年就有相当于 170 万亿吨煤的热量，现在全世界一年消耗的能量还不及它的万分之一。但是，到达地球表面的太阳能只有千分之一二被植物吸收，并转变成化学能贮存起来，其余绝大部分都转换成热，散发到宇宙空间去了。

第四类是与地球—月球—太阳相互联系的能源。地球、月亮、太阳之间有规律的运动，造成相对位置周期性的变化，它们之间产生的引力使海水涨落而形成潮汐能。与上述三类能源相比，潮汐能的数量很小，全世界的潮汐能折合成煤约为每年 30 亿吨，而实际可用的只是浅海区那一部分，每年约为 6000 万吨煤。

水力发电站

以上四大类能源都是自然界中现已存在的、未经加工或转换的能源。

> ➤ 知识点

水能是一种可再生能源，水能或称为水力发电，是运用水的势能和动能转换成电能来发电的方式。以水力发电的工厂称为水力发电厂，简称水电厂，又称水电站。水能主要用于水力发电，其优点是成本低、可连续再生、无污染；缺点是分布受水文、气候、地貌等自然条件的限制大。水容易受到污染，也容易被地形、气候等多方面的因素所影响。

延伸阅读

氢经济时代。自20世纪90年代中期起，许多问题集中出现，如城市空气污染日益严重、低排放或零排放车辆的需求持续增加、全球气候变暖加快等。同时，伴随着日渐高涨的全球能源紧缺呼声，许多国家都开始实施能源多样化战略，加大新能源研发力度，探索代替化石燃料的能源技术。在各种新能源中，氢能源被认为最有可能大量投入实际使用。许多国家都展开对氢能的开发利用。美国、日本等国都大力发展本国氢燃料电池及氢的制造、运输、储存技术。氢气生产方法不同，其投资额和边际成本也不一样。制氢的能源和燃料也有多种来源，能源有天然气、核能、太阳能、风能等，燃料有生物燃料、煤炭等。统计数据表明，煤炭制氢最便宜，但这一方法产生的高污染又会使氢气科技的环保性荡然无存。天然气制氢很好地摆脱了这一问题，想要开启氢经济时代，首先就要寻找出经济实惠的大量生产天然气的方法。长期以来，这一问题一直阻碍着人类社会迈入一个低碳氢燃料的时代。

■■■ 水资源的现状如何？

水，生命之源

水，是地球上分布最广的自然资源。地球上水的总量约有 1.386×10^9 立方千米。如果全部平铺在地球表面上，可以达到3000m的水层厚度。地球表面的3/4都被水覆盖着。

储水量虽然如此丰富，但海水就占了整个储水量的97.5%，淡水量的全部总和只不过占总储水量的2.5%。水资源是指全球水量中对人类生存、发展的可用的水量，主要是指逐年可以得到更新的那部分淡水量。所以淡水储量并不等于水资源量。实际上能供人类生活和工农业生产使用的淡水资源还不到淡水储量的万分之一。水资源总量的统计和计算比较复杂。水资源中最能反映水资源数量特征的是河流的年径流量，它不仅包含降雨时产生的地表水，而且包括地下水的补给。所以，常用年径流量来比较各国的水资源。全球年径流量约为 $47 \times 10^{12} km^3/y$（万亿立方千米每年）。

20世纪50年代后，工业得到迅速发展，全球人口增长迅猛。一方面，人类对水资源的需求以迅猛的速度扩大；另一方面，日益严重的水污染大量侵蚀原本已经稀缺的可消费水资源。有报告显示，全球每日约有200吨垃圾倒入河流和湖泊。每升废水能够污染8升淡水。这些污水流经的亚洲城市的河流均被污染。

世界上有许多国家正面临着水资源缺失的危机：全世界有12亿人用水短缺，30亿人缺乏用水卫生设施，每年有300万到400万人死于和水相关的疾病。在过去的50年中，由水引发的冲突507起，其中37起有暴力性质，21起演变为军事冲突。水资源危机正威胁着世界和平和可持续发展。

知识点

河流的径流量是指单位时间里，通过某过水断面（即河流横断面）的水的体积，其季节变化取决于河流的水源补给。以雨水补给为主的河流，其河流的径流量变化是随降水量的季节变化而变化的；以积雪融雪和冰川融雪补给为主的河流，因其融雪、融冰量受气温高低的影响，故其径流量的变化是随气温的变化而变化的；以地下水补给为主的河流，因地下水稳定可靠，故河流径流量几乎无季节变化。

延伸阅读

水污染主要是由人类活动产生的污染物而造成的，它包括工业污染源、农业污染源和生活污染源三大部分。工业废水为水域的重要污染源，具有量大、面广、成分复杂、毒性大、不易净化、难处理等特点。据1998年中国水资源公报资料显示：这一年，全国废水排放总量共 539 亿吨，其中工业废水排放量 409 亿吨，占 76%。农业污染源包括牲畜粪便、农药、化肥等。农药污水中，一是有机质、植物营养物及病原微生物含量高，二是农药、化肥含量高。据有关资料显示，在 1 亿公顷耕地和 220 万公顷草原上，每年使用农药 110.49 万吨。我国是世界上水土流失最严重的国家之一，每年表土流失量约 50 亿吨，致使大量农药、化肥随表土流入江、河、湖、库。生活污染源主要是城市生活中使用的各种洗涤剂和污水、垃圾、粪便等，多为无毒的无机盐类，生活污水中含氮、磷、硫多，致病细菌多。据调查，1998 年我国生活污水排放量为 184 亿吨。

世界油气资源的现状如何？

全球油气现有储量及其分布

据资料显示（BP 世界能源统计 2006），世界常规石油可采资源量为 4138 亿吨，石油探明总储量为 1567 亿吨。以目前的开采速度计算，全球石油储量可供开采 30 ~ 40 年。从静态的观点分析，世界石油资源是丰富的，发展潜力很大。2005 年全球剩余的探明储量为 1636 亿吨，与上年相比，增长了 61 亿吨。新增的探明储量几乎全部来自石油输出国组织，2005 年全球的石油储采比为 40.6 年。然而全球油气储量的分布却很不均匀，从石油储量分布情况来看，中东储量仍然稳居第一，远远高于其他地区。

全球石油供需总量基本实现平衡，但供求结构极不平衡

1. 在总量上，当前世界石油生产基本上与世界石油需求相适应

近 20 年来，世界原油供需大体平衡，供需总量大体在 70 ~ 80 亿吨/年左右波动。2004 年，全球石油产量和消费量（分别为 38.53 亿吨和 38.91 亿吨）均创历史新高，总体供不应求，缺口近 50 万桶/日，2005 年全球石油产量和消费量（分别为 40.5 亿吨和 41.2 亿吨），缺口近 137 万桶/日。

数据反映出自 20 世纪 90 年代以来，世界石油储量和原油产量不断增长，

来自全球经济增长和消费需求的拉动效应明显。从世界石油供求平衡状况发展趋势看,市场均衡日益趋紧。

2. 石油供求区域结构不平衡,资源竞争日趋激烈

油气资源作为天然的自然禀赋资源,全球分布极不均匀,由于全球资源分布和消费格局的不一致,围绕石油资源的竞争将日趋激烈。目前,世界石油市场的结构失衡主要体现在以下两个方面:一是世界石油供应过度集中,二是石油资源的供应、生产和消费三者间存在着严重的地区失衡。

(1)全球油气资源储藏和供应分布极为不均。中东是世界油藏最丰富的地区,作为世界石油市场的主要供应者,石油输出国组织国家在世界石油供应中占举足轻重的地位。2005年,世界已探明的石油储量2/3在石油输出国组织国家,稍高于1980年65%的水平,处于历史高位。当前,排在世界前11位的主要石油资源拥有国中就有8个是石油输出国组织成员,分别是:沙特阿拉伯(20%)、伊朗(10%)、伊拉克(9%)、阿拉伯联合酋长国(8%)、科威特(8%)、委内瑞拉(6%)、利比亚(3%)、尼日利亚(2%)。此外,石油输出国组织国家还控制着全球40%以上的产能和55%的出口量。

而在经济全球化的形势下,世界石油市场供需地理上的失衡与不对称,更加凸显了世界石油供需格局的紧张局势,势必使世界主要石油消费国围绕着国际油气资源竞争更加剧烈,从而使国际石油市场的变化越来越与国际政治经济的变化紧密联系在一起,其波动日趋频繁。

(2)全球油气资源产、供与需之间存在严重的区域失衡。从全球石油的供需对比来看,中东和亚太是失衡最严重的两个地区,但是两者失衡的方向截然相反,中东地区是严重的供过于求,而亚太地区是严重的供不应求。目前亚太地区剩余探明可采储量总量为4.2%,石油产量仅占世界总量的10.4%,消费却占世界的26.45%。

2005年,中东地区日均生产石油2457万桶,却只消耗528.9万桶/天,大约为其产出的1/5,供需差额高达1928.2万桶。同期,亚太地区每天需要石油2344.6万桶,其日均792.8万桶的产量只能满足消费量的1/3。2004年的数据显示,北美地区的石油消费量相当于其石油产量的1.74倍。这意味着,为了满足2461.9万桶的日需求量,北美地区国家不得不每天进口近1000万桶石油。

（3）由于全球资源分布和消费格局的不一致，围绕石油资源的竞争日趋激烈。目前和将来围绕石油资源的竞争都将集中在中东、中亚、俄罗斯、中国南海等地区。

国际油价不断攀升，连创历史新记录

价格是市场基本力量运动的结果，世界油价的持续攀高则是世界石油市场紧张局势的综合体现，国际油价是石油供需、地缘政治、能源安全等多种因素的综合体现。

进入新世纪以来，世界油价一直呈现单边震荡上扬的走势。从1999年12美元/桶开始，之后一路波动上扬，2000年底上涨至36.16美元，稍作盘整，2003年以后，世界油价持续上涨，2004年达到45.16美元的价位，创出近20年来的新高。2005年以来，新一轮世界石油价格上涨，其幅度之大和持续的时间之长几乎超出了所有人的预料。2005年8月初，受沙特可能遭受恐怖袭击、世界石油巨头BP公司原油生产设施发生火灾事故、伊朗宣布重启核计划等影响，石油收盘价最高升至每桶67.10美元。2006年，在地缘冲突进一步升级的情况下，油价迅速高企，最高创纪录地达到每桶80美元。

▶▶▶ 知识点

石油又称原油，是从地下深处开采的棕黑色可燃黏稠液体。主要是各种烷烃、环烷烃、芳香烃的混合物。它是古代海洋或湖泊中的生物经过漫长的演化形成的混合物，与煤一样属于化石燃料。波斯湾一带有丰富储藏，在俄罗斯、美国、中国、南美洲等地也有大量储藏。石油主要被用来作为燃油，也是许多化学工业产品如溶液、化肥、杀虫剂和塑料等的原料。

延伸阅读

玉米酒精是石油的潜在替代能源之一。所谓玉米酒精，就是以玉米做原料，采用物理、化学和发酵工程等技术和工艺方法对玉米进行深度加工提取酒精。酒精是食品工业饮料、酒类及化工产品的基本原料。近年来，由于石油能源危机，美国、巴西及我国已着手进行用酒精替代部分汽油做燃料的研究和试验，其应用效果十分理想。玉米酒精国内外需求量大，市场前景广阔。同样，因为石油价格的高企，乙醇汽车也就受到市场的关注。一是研究表明，乙醇调入汽油后，汽油中的辛烷值及含氧量明显升高，从而可以促进汽油的燃烧，而且还可以降低汽车尾气的排放，也就是说，乙醇不仅仅可以起到节能效果，而且还可以起到环保的效果。在目前石油价格高企以及汽车尾气困扰城市大气环境的背景下，推广乙醇汽油也就成为大势所趋。二是近来石油价格高涨，推广乙醇汽油有望成为新的替代能源，所以节能的乙醇汽油也成为市场关注的焦点。

可再生资源和不可再生资源是什么？

自然资源一般分为可再生资源和不可再生资源两类。

可再生资源指的是通过自然作用或人为活动能使其再生或更新，而成为人类可反复利用的自然资源，也成为非耗竭性资源，如土壤、植物、动物、微生物和各种自然生物群落、森林、草原、水生生物等等。可再生自然资源在现阶段自然界的特定时空条件下能持续再生更新、繁衍增长、保持或扩大其储量，依靠种源而再生。一旦种源消失，该资源就不能再生，从而要求科学地合理利用和保护物种种源，才可能再生，才可能"取之不尽，用之不竭"。土壤属可再生资源，是因为土壤肥力可以通过人工措施和自然过程而不断更新，但土壤又有不可再生的一面，因为水土流失和土壤侵蚀可以比再生的土壤自然产生更新过程快得多，在一定时间和一定条件下也就成为不能再生的资源。

不可再生资源指人类开发利用后，在相当长的时间内，不可能再生的自然资源。不可再生资源主要指自然界的各种矿物、岩石和化石燃料，例如泥炭、煤、石油、天然气、金属矿产、非金属矿产等。这类资源是在地球长期演化历史过程中，在一定阶段、一定地区、一定条件下，经历漫长的地质时期形成的。与人类社会的发展相比，其形成非常缓慢，与其他资源相比，再生速度很慢，或几乎不能再生。人类对不可再生资源的开发和利用，只会消耗，而不可能保持其原有储量或再生。其中，一些资源可重新利用，如金、银、铜、铁、铅、锌等金属资源，另一些是不能重复利用的资源，如煤、石油、天然气等化学燃料，当它们作为能源利用而被燃烧后，尽管能量可以由一种形式转换为另一种形式，但作为原有的物质形态已不复存在，其形式已发生变化。

知识点

煤炭是千百万年来植物的枝叶和根茎，在地面上堆积而成的一层极厚的黑色的腐植质，由于地壳的变动不断地埋入地下，长期与空气隔绝，并在高温高压下，经过一系列复杂的物理化学变化等因素，形成的黑色可燃沉积岩，这就是煤炭的形成过程。

延伸阅读

自然环境中与人类社会发展有关的、能被利用来产生使用价值并影响劳动生产率的自然诸要素，通常称为自然资源。自然资源可分为有形自然资源（如土地、水体、动植物、矿产等）和无形自然资源（如光资源、热资源等）。自然资源具有可用性、整体性、变化性、空间分布不均匀性和区域性等特点，是人类生存和发展的物质基础和社会物质财富的源泉，是可持续发展的重要依据之一。自然资源还可划分为生物资源、农业资源、森林资源、国土资源、矿产资源、海洋资源、气候气象资源、水资源等。

可替代能源从哪里来？

可替代能源（alternative energy）一般指非传统、对环境影响少的能源及能源贮藏技术。"可替代"一词是相对于化学燃料，因此可替代能源并非来自化学燃料。一些替代能源也是再生能源的一种，从定义上来说，替代能源并不会对环境造成影响，但再生能源没有此定义，不一定会带来环境影响。

生物质能

生物质能是指能够当作燃料或者工业原料，活着或刚死去的有机物。生物质能最常见于种植物所制造的生物燃料，或者用来生产纤维、化学制品和热能的动物或植物；也包括以生物可降解的废弃物（biodegradable waste）制造的燃料，但那些已经变质成为煤炭或石油等的有机物质除外。

许多植物都被用来生产生物质能，包括芒草、柳枝、稷、麻、玉米、杨属、柳树、甘蔗和棕榈树。一些特定采用的植物通常都不是非常重要的终端产品，但却会影响原料的处理过程。因为对能源的需求持续增长，生物质能的工业也随着水涨船高。

虽然化学燃料原本为古老的生化质能，但是因为所含的碳已经离开碳循环太久了，所以并不被认为是一种生物质能。燃烧化学燃料会排放二氧化碳至大气中。像一些最近刚发展出来的生物质能制造的塑胶可以在海水中降解，生产方式也和一般化石制造塑胶相同，而且相较之下生产成本还更便宜，也符合大部分的最低品质标准，但使用寿命比一般的耐水塑胶要短。

风能、太阳能、潮汐能都是新兴的替代能源。

风　能

风能是因空气流做功而提供给人类的一种可利用的能量。空气流具有的动能称风能。空气流速越高，动能越大。人们可以用风车把风的动能转化为旋转的动作去推动发电机，以产生电力。方法是透过传动轴，将转子（由以空气动力推动的扇叶组成）的旋转动力传送至发电机。到 2008 年为止，全世界以风力产生的电力约有 94.1 百万千瓦，供应的电力已超过全世界用电量的 1%。风能虽然对大多数国家而言还不是主要的能源，但在 1999 年到 2005 年之间已经增长了 4 倍以上。

现代利用涡轮叶片将气流的机械能转为电能而成为发电机来发电。在中国历史上曾利用风车将搜集到的机械能用来磨碎谷物或抽水。

风能发电

风能量是丰富、近乎无尽、广泛分布的，它能缓和温室效应。我们把地球表面一定范围内，经过长期测量、调查与统计得出的平均风能密度的概况称该范围内能利用的依据，通常以能密度线标示在地图上。

人类利用风能的历史可以追溯到公元前，但数千年来，风能技术发展缓慢，没有引起人们足够的重视。自 1973 年世界石油危机以来，在常规能源告急和全球生态环境恶化的双重压力下，风能作为新能源的一部分才重新有了长足的发展。风能作为一种无污染和可再生的新能源有着巨大的发展潜力，特别是对沿海岛屿、交通不便的边远山区、地广人稀的草原牧场，以及远离电网和近期内电网还难以达到的农村、边疆，作为解决生产和生活能源的一种可靠途径，有着十分重要的意义。即使在发达国家，风能作为一种高效清洁的新能源也日益受到重视，比如美国能源部就曾经调查过，单是得克萨斯州和南达科他州两州的风能密度就足以供应全美国的用电量。

太阳能

太阳能一般指太阳光的辐射能量。

自地球上有生物形成以来，生物就主要以太阳提供的热和光生存，而自古人类也懂得以阳光晒干物件，并作为保存食物的方法，如制盐和晒咸鱼等。但在化石燃料减少态势下，人类才有意进一步发展太阳能。

太阳能的利用有被动式利用（光热转换）和光电转换两种方式。太阳能所发的电是一种新兴的可再生能源。广义上的太阳能是地球上许多能量的来源，如风能、化学能、水的势能等等。

利用太阳能的方法主要有：

使用太阳能电池，通过光电转换把太阳光中包含的能量转化为电能。

使用太阳能热水器，利用太阳光的热量把水加热。

利用太阳光的热量加热水，并利用热水发电。

利用太阳光的光粒子打击太阳能板发电。

利用太阳能进行海水淡化。

太空太阳能转换电能储存，传输地面电能接收站，讯号接收站。

根据环境与太阳日照的长短强弱，建立可移动式和固定式太阳能利用网。

太阳能运输（汽车、船、飞机等）、太阳能公共设施（路灯、红绿灯、招牌等）、建筑整合太阳能（房屋、厂房、电厂、水厂等）。

太阳能装置，例如太阳能计算机、太阳能背包、太阳能台灯、太阳能手电筒等各式太阳能应用装置。

现在，太阳能的利用还不很普及，利用太阳能发电还存在成本高、转换效率低的问题，但是太阳能电池在为人造卫星提供能源方面得到了很好的应用。

目前，全球最大的屋顶太阳能面板系统位于德国南部比兹塔特（Buerstadt），面积为 40000 平方米，每年的发电量为 450 万千瓦。

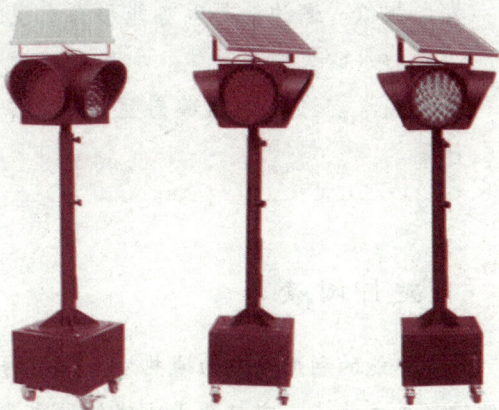

太阳能红绿灯

日本为了达成京都议定书的二氧化碳减排要求，全日本都普设太阳能光电板，位于日本中部的长野县饭田市，居民在屋顶设置太阳能光电板的比率甚至达 2%，堪称日本第一。而在中国的江苏睢宁，太阳能利用率更达到 95%，可谓全中国第一。

地热能

地热能是由地壳抽取的天然热能，这种能量来自地球内部的熔岩，并以热力形式存在，是引致火山爆发及地震的能量。地球内部的温度高达 7000℃，而在 80～100 千米的深度处，温度会降至 650℃～1200℃。透过地下水的流动和熔岩涌至离地面 1~5 千米的地壳，热力得以被转送至较接近地面的地方。高温的熔岩将附近的地下水加热，这些加热了的水最终会渗出地面。运用地热能最简单和最合乎成本效益的方法，就是直接取用这些热源，并抽取其能量。

人类很早以前就开始利用地热能，例如利用温泉沐浴、医疗，利用地下热水取暖、建造农作物温室、水产养殖及烘干谷物等。但真正认识地热资源并进行较大规模的开发利用始于 20 世纪中叶。

知识点

潮汐能是指海水潮涨和潮落形成的水的势能，其利用原理和水力发电相似。潮汐能是以势能形态出现的海洋能，是指海水潮涨和潮落形成的水的势能与动能。它包括潮汐和潮流两种运动方式所包含的能量，潮水在涨落中蕴藏着巨大能量，这种能量是永恒的、无污染的能量。

延伸阅读

地热能的利用可分为地热发电和直接利用两大类。地热能是来自地球深处的可再生热能。它起源于地球的熔岩浆和放射性物质的衰变。地热能储量比目前人们所利用的总量多很多倍，而且集中分布在构造板块边缘一带，该区域也是火山和地震多发区。如果热量提取的速度不超过补充的速度，那么地热能便是可再生的。地热能在世界很多地区应用相当广泛。据估计，每年从地球内部传到地面的热能相当于 100PW·h。不过，地热能的分布相对来说比较分散，开发难度大。

燃料电池是什么？

燃料电池（fuel cell），是一种使用燃料进行化学反应产生电力的装置，最早于 1839 年由英国的 Grove 所发明。最常见的是以氢氧为燃料的质子交换膜燃料电池，由于燃料价格便宜，加上对人体无化学危险、对环境无害，发电后产生纯水和热，1960 年代应用在美国军方，后于 1965 年应用于美国双子星计划双子星 5 号太空舱。现在也有一些人开始研究笔记本电脑使用燃料电池，但由于产生的电量太小，且无法瞬间提供大量电能，只能用于平稳供电。

燃料电池是一个电池本体与燃料箱组合而成的动力机制。燃料的选择性非常高，包括纯氢气、甲醇、乙醇、天然气，甚至于现在运用最广泛的汽油，都可以作为燃料电池的燃料。这是目前其他所有动力来源无法做到的。而以燃料电池作为汽车的动力，已被公认是 21 世纪必然的趋势。

燃料电池是以电的化学效应来进行发电的，在我们的生活中有许多电池都是利用电的化学效应来发电，或储存电力，如干电池、碱性电池、铅蓄电池都是以正负极金属的活性高低差来产生电位差的电的化学发电机，通称伏打电池。

燃料电池则是以具有可

燃料电池汽车

燃性的燃料与氧反应产生电力；通常可燃性燃料如瓦斯、汽油、甲烷（CH_4）、乙醇（酒精）、氢等这些可燃性物质都要经过燃烧加热水使水沸腾，而使水蒸气推动涡轮发电，以这种转换方式大部分的能量通常都转为无用的热能，转换效率相当地低，通常只有约 30%，而燃料电池是以特殊催化剂使燃料与氧发生反应产生二氧化碳（CO_2）和水（H_2O），因不需推动涡轮等发电器具，也不需将水加热至水蒸气再经散热变回水，所以能量转换效率高达70%左右，足足比一般发电方法高出了约40%；优点还不止于此，二氧化碳排放量比一般方法低许多，水又是无害的产生物，是一种低污染性的能源。

燃料电池汽车主要由燃料箱、燃料电池发动机、蓄电池和电动机等部件组成。

知识点

> 　　燃料电池汽车是电动汽车的一种，其电池的能量是通过氢气和氧气的化学作用，而不是经过燃烧，直接变成电能的。燃料电池的化学反应过程不会产生有害产物，因此燃料电池车辆是无污染汽车，燃料电池的能量转换效率比内燃机要高 2～3 倍，因此从能源的利用和环境保护方面，燃料电池汽车是一种理想的车辆。

延伸阅读

燃料电池汽车的工作原理是，使作为燃料的氢在汽车搭载的燃料电池中，与大气中的氧发生化学反应，从而产生出电能启动电动机，进而驱动汽车。甲醇、天然气和汽油也可以替代氢（从这些物质里间接地提取氢），不过将会产生极少的二氧化碳和氮氧化物。但总的来说，这类化学反应除了电能就只产生水，因此燃料电池车被称为"地道的环保车"。

与传统汽车相比，燃料电池汽车具有以下优点：

1. 零排放或近似零排放。
2. 减少了机油泄漏带来的水污染。
3. 降低了温室气体的排放。
4. 提高了燃油经济性。
5. 提高了发动机燃烧效率。
6. 运行平稳、无噪声。

持久性有机污染物（POPs）是什么？

持久性有机污染物（POPs）是指人类合成的能持久存在于环境中、通过生物食物链（网）累积并对人类健康造成有害影响的化学物质。

与常规污染物不同，持久性有机污染物对人类健康和自然环境危害更大。在自然环境中滞留时间长，极难降解，毒性极强，能导致全球性的传播。被生物体摄入后不易分解，并沿着食物链浓缩放大，对人类和动物危害巨大。很多持久性有机污染物不仅具有致癌、致畸、致突变性，而且还具有内分泌干扰作用。研究表明，持久性有机污染物对人类的影响会持续几代，对人类生存繁衍和可持续发展构成重大威胁。

首批列入《关于持久性有机污染物的斯德哥尔摩公约》受控名单的12种POPs：

有意生产——有机氯杀虫剂：滴滴涕、氯丹、灭蚁灵、艾氏剂、狄氏剂、异狄氏剂、七氯、毒杀酚。

有意生产——工业化学品：六氯苯和多氯联苯。

无意排放——工业生产过程或燃烧生产的副产品：二噁英（多氯二苯并－p－二噁英）、呋喃（多氯二苯并呋喃）。

➡ 知识点

降解是指在热、光、机械力、化学试剂、微生物等外界因素作用下，聚合物发生了分子链的无规则断裂、侧基和低分子的消除反应，致使聚合度和相对分子质量下降。

🌱 延伸阅读

为了加强化学品的管理，减少化学品尤其是有毒有害化学品引起的危害，国际社会达成了一系列的多边环境协议，其中斯德哥尔摩公约涉及持久性有机污染物的相关规定。2001 年国际社会通过本公约，作为保护人类健康和环境免受"持久性有机污染物"危害的全球行动。持久性有机污染物是指高毒性的、持久的、易于生物积累并在环境中长距离转移的化学品。公约于 2004 年 5 月 17 日生效，目前有 124 个成员国，11 月 11 日对中国生效。

怎样减少持久性有机污染物对人类的危害？

控制肥肉和乳制品的食用量

无论是鸡、鸭、猪、牛的肉，还是乳制品，都可能受到持久性有机污染物的影响。首先是饲料中残留的有机氯农药，有很大部分难以排出牲畜体外；其次，受环境二噁英污染的农作物也会随着饲料进入牲畜体内，由于持久性有机污染物的亲脂性，易蓄积在牲畜的脂肪部分。这些持久性有机污染物不会因牲畜长大而从体内消失，而是跟着上了人们的餐桌。要禁止食用肉类是不现实的，但是控制食用肥肉和乳制品，却能起到相当的防御作用。

提示：乳制品中乳脂肪，和肥肉一样，最好加以节食。值得注意的是，动物的肝脏含有很高的营养成分，但也是持久性有机污染物最容易蓄积的部位。

尽量不食用近海鱼类

近海受人们生产活动和日常生活的直接影响，污染情况相对要严重得多。例如：施洒在田地里的有机氯农药随着雨水流入河川，汇入大海；垃圾焚烧炉放出的二噁英落入附近的土地，又随雨水流入海里；工厂排放出的含有持久性有机污染物的污水也顺着相同的途径进入大海。据抽样调查，近海海水中低质的农药、多氯联苯、二噁英等持久性有机污染物的含量，要远远高于远海。由于持久性有机污染物在生物体（如鱼体）内易发生生物蓄积，并且会沿着食物链逐级放大，近海鱼类，特别是含脂肪高的鱼类，食用小鱼的大型鱼类，体内往往积蓄着高浓度的持久性有机污染物。

提示：人在食物链中处于最高营养级，因此应尽量避免摄入含持久性有机污染物含量高的食物，因此尽量不要食用近海鱼类！

合理饮用净水

自来水来源于河川水库，这些水来自雨水、山林和农田，其中可能含有有机氯农药残留等持久性有机污染物组分。经自来水公司处理以后，这些化学物质还有多少含量，目前尚无科学定论。值得注意的是，自来水为了消毒去污，都经过氯化处理，而这必然在水里残留下致癌物质——氯仿、溴氯甲烷、二溴氯甲烷等。为了饮用相对干净的水，应选用性能好的净水器。

提示：目前的净水器一般都可以去除氯气味，但难以完全消除有机氯化合物，因此有条件的话请饮用矿泉水。经济一点的方法，也可以将净水器过滤后的水放入麦饭石浸泡一些时间后饮用。

多食用食物纤维

二噁英进入人体以后，一般蓄积在皮下脂肪、腹腔内脂肪、肝脏、卵巢等部位，而难以代谢和排泄。一个人想要将体内的二噁英的50%排泄出去，至少需要七年半时间！可是，二噁英遇到食物纤维以后，相对来说要排泄得快一些。因为二噁英排泄的途径是随着体内循环到小肠，再随大便一起排出体外。医生推荐用食物纤维来预防大肠癌和动脉硬化，就是这个道理。

提示：不要让太多的动物性食品占领你的餐桌，多吃些蔬菜，适量吃些粗粮。

知识点

麦饭石，别名长寿石、健康石、炼山石、马牙砂、豆渣石。麦饭石是一种天然的药物矿石，含有人体所必需的钾、钠、钙、镁、磷常量元素和锌、铁、硒、铜、锶、碘、氟、偏硅酸等18种微量元素。麦饭石能吸附水中游离子，麦饭石经水后，可溶出对人体和生物体有用的常量元素和微量元素，麦饭石在水溶液中还能溶出人体所必须的氨基酸。

延伸阅读

持久性有机污染物可对野生动物和人体健康造成不可逆转的严重危害，主要包括：对免疫系统的危害。持久性有机污染物会抑制免疫系统的正常反应，影响巨噬细胞的活性，降低生物体的病毒抵抗能力。一项对因组特人的研究发现，母乳喂养和奶粉喂养婴儿的健康 T 细胞和受感染 T 细胞的比率与母乳的喂养时间及母乳中杀虫剂类持久性有机污染物的含量相关。对内分泌系统的危害。多种持久性有机污染物被证实是潜在的内分泌干扰物质，它们与雌激素受体有较强的结合能力，会影响受体的活动进而改变基因组成。有研究发现，患恶性乳腺癌的女性与患良性乳腺肿瘤的女性相比，其乳腺组织中 PCBs 和滴滴伊（滴滴涕的代谢产物）水平较高。对生殖和发育的危害。生物体暴露于持久性有机污染物，会出现生殖障碍、先天畸形、机体死亡等现象。一项对 200 名孩子的研究（其中 3/4 孩子的母亲在孕期食用了受持久性有机污染物污染的鱼）发现，这些孩子出生时体重轻、脑袋小，7 个月时认知能力较一般孩子差，4 岁时读写和记忆能力较差，11 岁时的智商值较低，读、写、算和理解能力都较差。致癌作用。国际癌症研究机构（IARC）在大量的动物实验及调查基础上，对持久性有机污染物的致癌性进行了分类，其中：2，3，7，8－四氯代二苯并－对－二噁英（TCDD）被列为 I 类（人体致癌物），PCBs 混合物被列为 ⅡA 类（较大可能的人体致癌物），氯丹、滴滴涕、七氯、六氯苯、灭蚁灵、毒杀芬被列为 ⅡB 类（可能的人体致癌物）。持久性有机污染物还会引起一些其他器官组织的病变，导致皮肤表现出表皮角化、色素沉着、多汗症和弹性组织病变等症状。

光污染对人类的影响有哪些？

对于人类来说，光与空气、水、食物一样，是不可缺少的。眼睛是人体最重要的感觉器官，人眼对光的适应能力较强，瞳孔可随环境的明暗进行调节。但如果长期在弱光下看东西，视力就会受到损伤。相反，强光可使人眼瞬时失明，重则造成永久伤害。人们把那些对视觉、对人体有害的光称作光污染。"光污染"是这几年来一个新的话题；它主要是指各种光源（日光、灯光以及各种反、折射光）对周围环境和人的损害作用。国际上一般将光污染分成3类，即彩光污染、人工白昼污染和白亮污染。

彩光污染

舞厅、夜总会安装的黑光灯、旋转灯、荧光灯以及闪烁的彩色光源构成了彩光污染。据测定，黑光灯所产生的紫外线强度大大亮于太阳光中的紫外线，且对人体有害影响持续时间长。人如果长期接受这种照射，可诱发流鼻血、脱牙、白内障，甚至导致白血病和其他癌变。彩色光源让人眼花缭乱，不仅对眼睛不利，而且干扰大脑中枢神经，使人感到头晕目眩，出现恶心呕吐、失眠等症状。科学家最新研究表明，彩光污染不仅有损人的生理功能，还会影响心理健康。

人工白昼污染

夜幕降临后，商场、酒店上的广告灯、霓虹灯闪烁夺目，令人眼花缭乱。有些强光束甚至直冲云霄，使得夜晚如同白天一样，即所谓人工白昼。在这样的"不夜城"里，夜晚难以入睡，扰乱人体正常的生物钟，导致白天工作效率低下。人工白昼还会伤害鸟类和昆虫，强光可能破坏昆虫在夜间的正常繁殖过程。

白亮污染

阳光照射强烈时，城市里建筑物的玻璃幕墙、釉面砖墙、磨光大理石和各种涂料等装饰反射光线，明晃白亮、炫眼夺目。专家研究发现，长时间在白色光亮污染环境下工作和生活的人，视网膜和虹膜都会受到程度不同的损害，视力急剧下降，白内障的发病率高达45%。还使人头昏心烦，甚至发生失眠、食欲下降、情绪低落、身体乏力等类似神经衰弱的症状。

目前，光污染已日益引起科学家们的重视，他们正在努力研究预防的方法。人们在生活中也应注意防止各种光污染对健康的危害，避免过多过长时间接触光污染，积极创造一个美好舒适的环境。

知识点

虹膜属于眼球中层，位于血管膜的最前部，在睫状体前方，有自动调节瞳孔的大小、进入眼内光线多少的作用，位于血管膜的最前部，虹膜中央有瞳孔。在马、牛瞳孔的边缘上有虹膜粒。

延伸阅读

家庭生活中视觉环境的光污染大致可分为两种，一是室内视环境污染，如室内装修、室内不良的光色环境等；二是局部视环境污染，如书本纸张、某些工业产品等。

当你读书的时候，是否想到过书籍纸张的颜色会影响到视力？据测定，洁白的书籍纸张的光反射系数高达90%，比草地、森林或毛面装饰物高10倍左右。我国高中生近视率高达60%，有关专家认为视觉环境是形成近视的主要原因，而不是用眼习惯。既然书籍换作米黄色的纸张，读起来舒服，那生活中就该注意不要过于追求白纸黑字了。浴霸能快速升温，但长时间使用，强光很容易灼伤眼睛。儿童更不能长时间使用浴霸，光污染会影响婴幼儿的视觉功能，对婴幼儿娇嫩的皮肤也不好。在选购浴霸时，应尽量选择红外线磨砂灯泡浴霸。看电视时开着灯，这不是奢侈而是科学。电视机闪烁的荧光屏不仅有伤视觉，而且突出电视机一个光源的亮度，会加重对眼睛的损害程度。

镉污染如何危害健康？

镉（Cd）在自然界中多以化合态存在，含量很低，大气中含镉量一般不超过 $0.003\mu g/m^3$，水中不超过 $10\mu g/L$，每千克土壤中不超过 $0.5mg$。这样低的浓度不会影响人体健康，但镉常与锌、铅等共生。环境受到镉污染后，镉可在生物体内富集，通过食物链进入人体，引起慢性中毒。

19世纪初发现镉以来，镉的产量逐年增加。相当数量的镉通过废气、废水、废渣排入环境，造成污染。污染源主要是铅锌矿，以及有色金属冶炼、电镀和用镉化合物做原料或触媒的工厂。镉对土壤的污染主要有气型和水型两种。气型污染主要来自工业废气。镉随废气扩散到工厂周围并自然沉降，蓄积于工厂周围的土壤中，可使土壤中的镉浓度达到40ppm，污染范围有的可达数千米。水型污染主要是铅锌矿的选矿废水和有关工业（电镀、碱性电池等）废水排入地面水或渗入地下水引起。

镉污染如何危害健康呢？进入人体的镉，在体内形成镉硫蛋白，通过血液到达全身，并有选择性地蓄积于肾、肝中。肾脏可蓄积吸收量的1/3，是镉中毒的靶器官。此外，在脾、胰、甲状腺、睾丸和毛发中也有一定的蓄积。镉的排泄途径主要通过粪便，也有少量从尿中排出。在正常人的血中，镉含量很低，接触镉后会升高，但停止接触后可迅速恢复正常。镉与含羟基、氨基、疏基的蛋白质分子结合，能使许多酶系统受到抑制，从而影响肝、肾器官中酶系统的正常功能。镉还会损伤肾小管，使人出现糖尿、蛋白尿和氨基酸尿等症状，并使尿钙和尿酸的排出量增加。肾功能不全又会影响维生素 D3 的活性，使骨骼的生长代谢受阻碍，从而造成骨骼疏松、萎缩、变形等。慢性镉中毒主要影响肾脏，最典型的例子是日本著名的公害病——痛痛病。慢性镉中毒还可引起贫血。急性镉中毒，大多是由于在生产环境中一次吸入或摄入大量镉化物引起。大剂量的镉是一种强的局部刺激剂。含镉气体通过呼吸道会引起呼吸道刺激症状，如出现肺炎、肺水肿、呼吸困难等。镉从消化道进入人体，则会出现呕吐、胃肠痉挛、腹疼、腹泻等症状，甚至可因肝肾综合症死亡。

从动物实验和人群的流行病学调查中发现，镉还可使温血动物和人的染色体发生畸变。镉的致畸作用和致癌作用（主要致前列腺癌），也经动物实验得到证实，但尚未得到人群流行病学调查材料的证实。

➤➤ 知识点

1931 年发生在日本富山县的"痛痛病"，是镉环境污染进而导致人体慢性镉中毒的典型案例。针对镉污染会引发痛痛病的担忧，有专家表示，世界卫生组织环境卫生基准镉分册中指出，"痛痛病"主要发生在镉污染区居住三十年以上，多胎生育的四十岁以上妇女，其主要特征为骨质疏松、骨质软化、多发性骨折、骨剧痛和肾小管功能障碍。

延伸阅读

发生急性镉中毒时，要分清情况采取相应措施：对吸入中毒者，要迅速移离现场、保持安静、卧床休息，并给予氧气吸入。同时要保持中毒者呼吸道通畅，积极防治化学性肺炎和肺水肿，早期给予短程大剂量糖皮质激素，必要时给予1%二甲基硅油消泡气雾剂。为预防阻塞性毛细支气管炎，可酌情延长糖皮质激素使用时间。可给予依地酸二钠钙或巯基类络合剂进行驱镉治疗。严重者要重视全身支持疗法和其他对症治疗。对于口服中毒者，应立即用温水洗胃，卧床休息。同时给予对症和支持治疗，如腹痛时可用阿托品，呕吐频繁时适当补液，既要积极防治休克，又要避免补液过多引起肺水肿。

酸雨有哪些危害？

在国外酸雨被人们称为"空中死神"，其潜在的危害主要表现在四个方面：

1. 对陆地生态系统的危害，重点表现在土壤和植物。对土壤的影响包括抑制有机物的分解和氮的固定，淋洗钙、镁、钾等营养元素，使土壤贫瘠化。对植物，酸雨损害新生的叶芽，影响其生长发育，导致森林生态系统的退化。据报道，欧洲每年有6500万公顷森林受害，在意大利有9000公顷森林因酸雨而死亡。我国重庆南山1800公顷松林因酸雨已死亡过半。

酸雨腐蚀后的森林

2. 对水生系统的危害，会丧失鱼类和其他生物群落，改变营养物和有毒物的循环，使有毒金属溶解到水中，并进入食物链，使物种减少和生产力下降。据报道，"千湖之国"瑞典因酸雨，从20世纪70年代初到80年代中期，有1.8万个湖泊酸化。国内报道重庆南山等地水体酸化，pH 小于 4.7，鱼类不能生存，农户多次养鱼，均无收获。

3. 酸雨对建筑物、机械和市政设施的腐蚀。据报道，仅美国因酸雨对建筑物和材料的腐蚀损失每年达 20 亿美元。据估算，我国仅川、黔和两广四省，1988 年因酸雨造成森林死亡，农作物减产，金属受腐蚀的经济损失总计在 140 亿元。

4. 对人体的影响。一是通过食物链使汞、铅等重金属进入人体，诱发癌症和老年痴呆；二是酸雾侵入肺部，诱发肺水肿或导致死亡；三是长期生活在含酸沉降物的环境中，诱使产生过多氧化脂，导致动脉硬化、心梗等疾病概率增加。

知识点

酸雨正式的名称为酸性沉降，它可分为"湿沉降"与"干沉降"两大类，前者指的是所有气状污染物或粒状污染物，随着雨、雪、雾或雹等降水形式而落到地面者，后者则是指在不下雨的日子，从空中降下来的落尘所带的酸性物质。

延伸阅读

酸雨是工业高度发展而出现的副产物，由于人类大量使用煤、石油、天然气等化石燃料，燃烧后产生的硫氧化物或氮氧化物，在大气中经过复杂的化学反应，形成硫酸或硝酸气溶胶，或为云、雨、雪、雾捕捉吸收，降到地面成为酸雨。如果形成酸性物质时没有云雨，则酸性物质会以重力沉降等形式逐渐降落在地面上，这叫作干性沉降，以区别于酸雨、酸雪等湿性沉降。干性沉降物在地面遇水时复合成酸。酸云和酸雾中的酸性由于没有得到直径大得多的雨滴的稀释，因此它们的酸性要比酸雨强得多。高山区由于经常有云雾缭绕，因此酸雨区高山上森林受害最重，常首先成片死亡。硫酸和硝酸是酸雨的主要成分，约占总酸量的 90% 以上，我国酸雨中硫酸和硝酸的比例约为 10∶1。

植物在生活中的作用有哪些?

植物在人类的生活中具有非常重要的意义。

降温增湿效益——调节环境空气的温度和湿度

"大树底下好乘凉",在炎热的夏季,绿化状况好的绿地中的气温比没有绿化地区的气温要低 3℃ ~ 5℃,我们测定居住区绿地与非绿地气温差异为 4.8℃。

绿地能降低环境的温度,是因为绿地中园林植物的树冠可以反射掉部分太阳辐射带来的热能(约 20% ~ 50%),更主要的是绿地中的园林植物能通过蒸腾作用(植物吸收辐射的 35% ~ 75%,其余 5% ~ 40% 透过叶片),吸收环境中的大量热能,降低环境的温度,同时释放大量的水分,增加环境空气的湿度(18% ~ 25%),对于夏季高温干燥的北京地区,绿地的这种作用,可以大大增加人们生活的舒适度。

1 公顷的绿地,在夏季(典型的天气条件下),可以从环境中吸收 81.8 兆焦耳的热量,相当于 189 台空调机全天工作的制冷效果。

值得注意的是,在严寒的冬季,绿地对环境温度的调节结果与炎热的夏季正相反,即在冬季绿地的温度要比没有绿化地面高出 1℃ 左右。这是由于绿地中的树冠反射了部分地面辐射,减少了绿地内部热量的散失,而绿地又可以降低风速,进一步减少热量散失的缘故。

吸收二氧化碳、释放氧气的效益——调节环境空气的碳氧平衡

城市绿地中的园林植物通过光合作用,吸收环境空气中的二氧化碳,在合成自身需要的有机营养的同时,向环境中释放氧气,维持城市空气的碳氧平衡。北京市近郊建成的市区绿地,每天(晴朗)可以吸收 3.3 万吨的二氧化碳,释放 2.3 万吨氧气,全年中可以吸收二氧化碳 424 万吨,释放氧气 295 万吨。对于维持清新的空气起到了重要的不可替代的作用。一个成年人,每天呼吸要吸进 750 克的氧气,呼出 1000 克的二氧化碳,而一棵胸径 20 厘米的绒

毛白蜡，每天可以吸收 4.8 千克的二氧化碳，释放 3.5 千克的氧气，可以满足大约 5 个成年人全天呼吸的需要。

早晨随着太阳的初升，绿地中园林植物开始进行光合作用，吸收二氧化碳释放氧气，于是环境空气中的二氧化碳含量逐渐降低，到中午左右二氧化碳含量降到最低点，夜晚，植物光合作用停止并且也开始进行呼吸作用，而由于城市人的活动、车辆等的运转，都向空气中释放二氧化碳，空气中二氧化碳开始升高。所以在绿地中锻炼，从环境空气的清新程度上来说，是在上午 10 点至下午 2 点最好，而清晨并不是最好的时间。

绒毛白蜡

滞尘效益——大自然的滤尘器

空气中的粉尘不仅本身就是一种重要的污染物，而且粉尘颗粒中还黏附有有毒物质、甚至病菌等，对人的健康有严重的危害。绿地中的园林植物，具有粗糙的叶片和小枝，这些叶片和小枝具有巨大的表面积，一般要比植物的占地面积大二三十倍，许多植物的表面还有绒毛或黏液，能吸附和滞留大量的粉尘颗粒，降低空气的含尘量。当遇到降雨的时候，吸附在叶片上的粉尘被雨水冲刷掉，从而使植物重新恢复滞尘能力。

绿地滞尘的另外一个重要方面，是绿地充分覆盖地面，有效地杜绝二次扬尘。据测定，北京空气中的粉尘，只有 20% 来自城市的外部，而大约 80% 来自城市内部的二次扬尘，建立良好的绿地，做到黄土不露天，是降低粉尘污染的重要措施。

吸收有毒气体的效益。园林植物可以吸收空气中的二氧化硫、氯气等有毒气体，并且做到彻底的无害处理。1 公顷绿地每年吸收二氧化硫 171 千克，吸收氯气 34 千克。

园林绿地的减菌效益。许多园林植物可以释放出具有杀菌作用的物质，如丁香酚、松脂、核桃醌等，所以绿地空气中的细菌含量明显低于非绿地。因此绿地的这种减菌效益，对于维持洁净卫生的城市空气，具有积极的意义。

➤➤➤ 知识点

绒毛白蜡为落叶乔木，高可达 10 米，小枝密被短柔毛，树皮暗灰色光滑雌雄异株，花杂性，圆锥花序侧生于上年枝上，先开花后展叶。而蜡条、大叶白蜡的花序顶生于当年枝上，花与叶同时或叶后开放。

延伸阅读

植物间的化学战有"空战"、"陆战"、"海战"三类，其手段之多，用心之险，恐怕即使是人类也要自叹弗如。

空战：植物把大量毒素释放于大气中，形成大气污染使其他植物中毒死亡。加洋槐树皮挥发一种物质能杀死周围杂草，使根株范围内寸草不生；风信子、丁香花都是采用空战治敌的。

陆战：这些植物把毒素通过根尖大量排放于土壤中，对其他植物的根系吸收能力加以抑制。如禾本科牧草高山牛鞭草，根部分泌醛类物质，对豆科植物旋扭山、绿豆生长进行封锁，使之根系生长差，根瘤菌也明显减少。

海战：利用降雨和露水把毒气溶于水中，形成水污染而使对方中毒。如桉树叶的冲洗物，在天然条件下可以使禾本科草类和草本植物丧失战斗力而停止生长；紫云英叶面上的致毒元素——硒，被雨淋入土中，就能毒死与它共同占据同一山头的植物异种。

▌▌▌ 蓝藻是什么？

2007 年无锡太湖蓝藻事件又将环境保护问题推到了民众视线的最前沿。这次蓝藻事件影响了很多居民的生活。

蓝藻是藻类生物，又叫蓝绿藻，大多数蓝藻的细胞壁外面有胶质衣，因此又叫黏藻。在所有藻类生物中，蓝藻是最简单、最原始的一种。蓝藻在地球上大约出现在距今35～33亿年前，已知蓝藻约2000种，中国已有记录的约900种，分布十分广泛，遍及世界各地，但大多数（约75%）淡水产，少数海产。有些蓝藻可生活在60℃～85℃的温泉中；有些种类和菌、苔藓、蕨类和裸子植物共生；有些还可穿入钙质岩石或介壳中（如穿钙藻类）或土壤深层中（如土壤蓝藻）。

蓝藻的成因是多方面的。气温，降水，日照、风向、地理环境都是蓝藻形成的原因，而最主要的原因还是人类对水资源的污染，是水体富营养化。在一些营养丰富的水体中，有些蓝藻常于夏季大量繁殖，并在水面形成一层蓝绿色而有腥臭味的浮沫，称为"水华"，大规模的蓝藻暴发，被称为"绿潮"（和海洋发生的赤潮对应）。绿潮引起水质恶化，严重时耗尽水中氧气而造成鱼类的死亡。

更为严重的是，蓝藻中有些种类（如微囊藻）还会产生毒素（简称MC），大约50%的绿潮中含有大量MC。MC除了直接

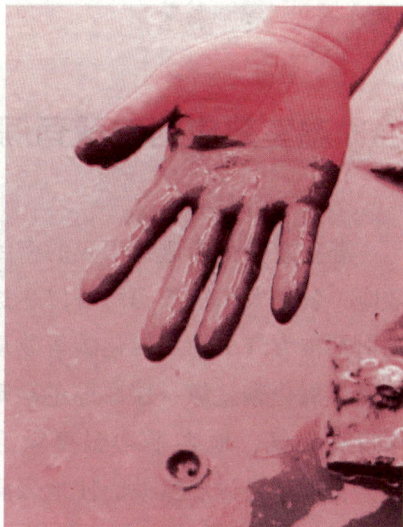

蓝藻水华

对鱼类、人畜产生毒害之外，也是肝癌的重要诱因。MC耐热，不易被沸水分解，但可被活性炭吸收，所以可以用活性炭净水器对被污染的水源进行净化。

知识点

裸子植物是指种子植物中，胚珠在一开放的孢子叶上边缘或叶面的植物，其孢子叶通常会排列成圆锥的形状。种子植物的另一主要类群为被子植物，其胚珠则是在心皮（一个边缘相接的孢子叶）内。英文 gymnosperm 源自希腊语 gumnospermos，意指"裸露的种子"，因为裸子植物的种子从胚珠开始，就一直裸露在外头。

延伸阅读

　　蓝藻的使用价值。蓝藻是最早的光合放氧生物，对地球表面从无氧的大气环境变为有氧环境起了巨大的作用。有不少蓝藻（如鱼腥藻）可以直接固定大气中的氮（原因：含有固氮酶，可直接进行生物固氮），以提高土壤肥力，使作物增产。还有的蓝藻为人们的食品，如著名的发菜和普通念珠藻（地木耳）、螺旋藻等。

温室效应对地球有何影响？

　　温室效应是指透射阳光的密闭空间由于与外界缺乏热交换而形成的保温效应，就是太阳短波辐射可以透过大气射入地面，而地面增暖后放出的长短辐射却被大气中的二氧化碳等物质所吸收，从而产生大气变暖的效应。大气中的二氧化碳就像一层厚厚的玻璃，使地球变成了一个大暖房。据估计，如果没有大气，地表平均温度就会下降到 $-23℃$，而实际地表平均温度为 $15℃$，这就是说温室效应使地表温度提高 $38℃$。

　　除二氧化碳以外，对产生温室效应有重要作用的气体还有甲烷、臭氧、氯氟烃以及水汽等。随着人口的急剧增加，工业的迅速发展，排入大气中的二氧化碳相应增多；又由于森林被大量砍伐，大气中应被森林吸收的二氧化碳没有被吸收，由于二氧化碳逐渐增加，温室效应也不断增强。据分析，在过去 200 年中，二氧化碳浓度增加 25%，地球平均气温上升 $0.5℃$。估计到 21 世纪中叶，地球表面平均温度将上升 $1.5℃$ ~ $4.5℃$，而在中高纬度地区温度上升更多。

　　空气中含有二氧化碳，而且在过去很长一段时期中，含量基本上保持恒定。这是由于大气中的二氧化碳始终处于"边增长、边消耗"的动态平衡状态。大气中的二氧化碳有 80% 来自人和动、植物的呼吸，20% 来自燃料的燃烧。散布在大气中的二氧化碳有 75% 被海洋、湖泊、河流等地面的水及空中降水吸收溶解于水中。还有 5% 的二氧化碳通过植物光合作用，转化为有机物质贮藏起来。这就是多年来二氧化碳占空气成分 0.03%（体积分数）始终保持不变的原因。

　　但是近几十年来，由于人口急剧增加，工业迅猛发展，呼吸产生的二氧化碳及煤炭、石油、天然气燃烧产生的二氧化碳，远远超过了过去的水平。而另一方面，由于对森林乱砍滥伐，大量农田建成城市和工厂，破坏了植被，减少了将二氧化碳转化为有机物的条件。再加上地表水域逐渐缩小，降水量大大降低，减少了吸收溶解二氧化碳的条件，破坏了二氧化碳生成与转化的动态平衡，就使大气中的二氧化碳含量逐年增加。空气中二氧化碳含量的增长，就使地球气温发生了改变。

在空气中，氮和氧所占的比例是最高的，它们都可以透过可见光与红外辐射。但是二氧化碳就不行，它不能透过红外辐射。所以二氧化碳可以防止地表热量辐射到太空中，具有调节地球气温的功能。如果没有二氧化碳，地球的年平均气温会比目前降低 $20℃$。但是，二氧化碳含量过高，就会使地球仿佛捂在一口锅里，温度逐渐升高，就形成"温室效应"。形成温室效应的气体，除二氧化碳外，还有其他气体。其中二氧化碳约占 75%、氯氟代烷约占 15% ~ 20%，此外还有甲烷、一氧化氮等 30 多种。

如果二氧化碳含量比现在增加一倍，全球气温将升高 $3℃ ~ 5℃$，两极地区可能升高 $10℃$，气候将明显变暖。气温升高，将导致某些地区雨量增加，某些地区出现干旱，飓风力量增强，出现频率也将提高，自然灾害加剧。更令人担忧的是，由于气温升高，将使两极地区冰川融化，海平面升高，许多沿海城市、岛屿或低洼地区将面临海水上涨的威胁，甚至被海水吞没。20 世纪 60 年代末，非洲撒哈拉牧区曾发生持续 6 年的干旱。由于缺少粮食和牧草，牲畜被宰杀，饥饿致死者超过 150 万人。这是"温室效应"给人类带来灾害的典型事例。因此，必须有效地控制二氧化碳含量增加，控制人口增长，科学使用燃料，加强植树造林，绿化大地，防止温室效应给全球带来的巨大灾难。

温室效应和全球气候变暖已经引起了世界各国的普遍关注，目前正在推进制定国际气候变化公约，减少二氧化碳的排放已经成为大势所趋。

受到温室效应和周期性潮涨的双重影响，西太平洋岛国图瓦卢的大部分地方，即将被海水淹没，包括首都的机场及部分住宅和办公室。由于温室效应会导致南北极冰雪融化，水平线上升，直接威胁图瓦卢，所以该国在国际环保会议上一向十分敢言。前总理佩鲁曾声称图瓦卢是"地球暖化的第一个受害者"。

温室效应可使史前致命病毒威胁人类。美国科学家近日发出警告，由于全球气温上升令北极冰层溶化，被冰封十几万年的史前致命病毒可能会重见天日，导致全球陷入疫症恐慌，人类生命受到严重威胁。

约锡拉丘兹大学的科学家在最新一期《科学家杂志》中指出，早前他们发现一种植物病毒 TOMV，由于该病毒在大气中广泛扩散，推断在北极冰层也有其踪迹。于是研究员从格陵兰抽取 4 块年龄由 500～14 万年前的冰块，结果在冰层中发现了 TOMV 病毒。研究人员指出该病毒表层被坚固的蛋白质包围，因此可在逆境中生存。

这项新发现令研究人员相信，一系列的流行性感冒、小儿麻痹症和天花等疫症病毒可能藏在冰块深处，目前人类对这些原始病毒没有抵抗能力，当全球气温上升令冰层溶化时，这些埋藏在冰层千年或更长的病毒便可能会复活，形成疫症。科学家表示，虽然他们不知道这些病毒的生存希望，或者其再次适应地面环境的机会，但肯定不能排除病毒卷土重来的可能性。

▶▶ 知识点

甲烷是一种主要由稻田和湿地释放出来的温室气体。在自然界分布很广，是天然气、沼气、油田气及煤矿坑道气的主要成分，它可用作燃料及制造氢气、碳黑、一氧化碳、乙炔、氢氰酸及甲醛等物质的原料，化学符号为 CH_4。

延伸阅读

面对全球变暖，我们还能做些什么？1. 全面禁用氯氟碳化物。实际上全球正在朝此方向努力，也是以此案最具实现的可能性。2. 保护森林的对策方案。今日以热带雨林为生的全球森林，正在遭到人为持续不断的急剧破坏。有效的因应对策，便是赶快停止这种毫无节制的森林破坏，另一方面实施大规模的造林工作，努力促进森林再生。3. 汽车使用燃料状况的改善。日本汽车在此方面已获技术提升，大幅改善昔日那种耗油状况。但在美国等地，或许是因油藏丰富，对于省油设计方面，至今未见有何明显改善迹象，依旧维持过度耗油的状况。4. 改善其他各种场合的能源使用效率。今日人类生活，到处都在大量使用能源，其中尤以住宅和办公室的冷暖气设备为最。因此，对于提升能源使用效率方面，仍然具有大幅改善余地。5. 对化石燃料的生产与消费，依比例扣税。如此一来，或许可以促使生产厂商及消费者在使用能源时有所警惕，避免做出无谓的浪费。而其税金收入，则可用于森林保护和替代能源的开发方面。

减少碳排放的有效办法有哪些？

碳排放是关于温室气体排放的一个总称或简称。温室气体中最主要的气体是二氧化碳，因此用碳（carbon）一词作为代表。虽然并不准确，但作为让民众最快了解的方法就是简单地将"碳排放"理解为"二氧化碳排放"。

多数科学家和政府承认温室气体已经并将继续为地球和人类带来灾难，所以"控制碳排放"、"碳中和"这样的术语就成为容易被大多数人所理解、接受并采取行动的文化基础。我们的日常生活一直都在排放二氧化碳，而如何通过有节制的生活，例如少用空调和暖气、少开车、少坐飞机等等，以及如何通过节能减排的技术来减少工厂和企业的碳排放量，成为本世纪初最重要的环保话题之一。

在不同的行业中有不同的方法来减少碳排放，而对于个人而言，减少碳排放一般有以下几种方法：

购买小排量汽车

购买小排量或混合动力机动车，减少二氧化碳排放，参加"少开一天车"活动。

购买节能冰箱

购买那些只含有少量或者不含氟里昂的绿色环保冰箱。丢弃旧冰箱时打电话请厂商协助清理氟利昂。选择"能效标志"的冰箱、空调和洗衣机，能效高，省电加省钱。

交通出行

选择公交，减少使用小轿车和摩托车。汽车共享，和朋友、同事、邻居同乘，既减少交通流量、又节省汽油、减少污染、减少碳足迹。

购买本地食品

如今不少食品通过航班进出口，选择本地产品，免去空运环节，更为绿色。

节能灯泡

11 瓦节能灯就相当于 80 瓦白炽灯的照明度，使用寿命更比白炽灯长 6 ~ 8 倍，不仅大大减少了用电量，还节约了更多资源，省钱又环保。

空调温度

空调的温度设在夏天 26℃左右，冬天 18℃ ~20℃左右对人体健康比较有利，同时还可大大节约能源。

知识点

氟利昂在常温下都是无色气体或易挥发液体，略有香味，低毒，化学性质稳定，广泛用作冷冻设备和空气调节装置的制冷剂。由于氟利昂可能破坏大气臭氧层，已被限制使用。目前地球上已出现很多臭氧层漏洞，有些漏洞已超过非洲面积，其中很大的原因是氟利昂的作用。

延伸阅读

还有一些方法可以减少碳排放：

1. 关掉待机的家用电器，比如电视、热水器、空调等。
2. 泡茶时，只需烧开够喝的水。
3. 把衣服晾干，不要用滚筒烘干机。只在有一堆衣服要洗时用洗衣机。
4. 用简单的淋浴，不要用浴缸。
5. 拉上窗帘，防止热量逃出窗户，并安上双层玻璃。

怎样吃更安全
ZENYANG CHI GENG ANQUAN

> 民以食为天，人们每天的生活都离不开吃，那么吃什么食品？怎样吃更安全、更健康？成为每个人都在密切关注的大问题。本部分从吃的角度入手，告诉大家如何识别绿色食品、转基因食品、有机食品和无公害食品，正确认识食品添加剂，如何健康饮水，如何处理食品垃圾等。只有吃得安全、环保，我们的身体才能健康，也才能更好地享受生活中的快乐！

食品是如何受到污染的？

食品中的污染物质来源很多，大致可以分为四个方面。

第一方面，污染物来自农作物栽培中的农药和化肥，以及畜牧生产中的兽药、激素等，称为原料生产过程中的污染。污染物残留在食品中或被农作物、牲畜吸收，人们吃了含有残毒的植物、粮食和肉类会影响健康。

第二方面，污染物质来源于食物生产所在地的大气、水源和土壤中的污染，也就是生产环境污染。生产环境污染会直接影响到食物，容易将污染物残留在食物内。例如，大气中的飘浮颗粒物覆盖在植物叶面上，影响植物呼吸作用和光合作用、影响植物生长和品质，同时叶片可直接吸收粉尘中的有害物，造成蔬菜污染。

第三方面，污染物来自食品加工中的添加物和污染物、包装当中的有害

形形色色的绿色食品

物质等，称为加工处理中的污染。例如，食品包装纸与食品直接接触，如果不清洁，可能含有的有害物质就会造成对食品的污染，直接影响人的身体健康。

第四方面，食品在家庭中储藏、烹调等过程中产生的污染，称为家庭中的污染。这方面的污染往往容易被我们忽视，但实际上冰箱中的细菌、餐具上残留的油污等都会对食物产生一定的污染，也需要引起注意。

这四个方面的污染源都在威胁着消费者的健康，我们在挑选食物时，应该尽量挑选绿色食品，并在储藏、烹调等过程中注意保护食物的质量。

知识点

> 绿色食品是在无污染的生态环境中种植及全过程标准化生产或加工的农产品，严格控制其有毒有害物质含量，使之符合国家健康安全食品标准，并经专门机构认定、许可使用绿色食品标志的食品。

延伸阅读

冰箱使用时的禁忌：

1. 热的食物绝对不能放入运转着的电冰箱内。

2. 存放食物不宜过满、过紧，要留有空隙，以利冷空气对流，减轻机组负荷，延长使用寿命，节省电量。

3. 食物不可生熟混放在一起，以保持卫生。按食物存放时间、温度要求，合理利用冰箱内的空间，要把食物放在器皿里，不要放在蒸发器上，以免冻结，不便取出。

4. 鲜鱼、肉等食品不可以不做处理就放进冰箱。鲜鱼、肉要用塑料袋封装，在冷冻室贮藏。

5. 不能把瓶装液体饮料放进冷冻室内，以免冻裂包装瓶。应放在冷藏箱内或门挡上，以4℃左右温度贮藏为好。

6. 存贮食物的电冰箱不宜同时储藏化学药品。

食品加工过程中可能产生的污染有哪些？

随着人们生活水平的提高，膳食中的加工食品比例越来越大。在我国大城市，这个比例已经超过了70%。食品加工过程中需要水、配料、各种设备、仓库和厂房，原料需要储存，产品需要包装，这些环节都有可能引入污染。

食品加工过程中可能产生的污染包括如下几方面。

微生物、病毒等生物性污染

生熟不分、不洁的容器、从业人员不洁的手、空气中尘埃、未经消毒或消毒不彻底的设备、未消毒或未彻底消毒的包装材料等都会在食品加工中造成微生物、病毒等生物性污染。

亚硝胺的污染

N－亚硝基化合物有很多种，不同种类的N－亚硝基化合物在毒性上相差很大，其急性毒性主要是造成肝脏的损害；慢性毒性主要为致癌性。

腌制菜时使用的粗制盐中含有硝酸盐，可被细菌还原成亚硝酸盐，同时蛋白质可分解为各种胺类，而合成亚硝胺；使用食品添加剂亚硝酸盐或硝酸盐直接加入鱼、肉中作为发色剂时，在适当条件下，也可形成亚硝胺。防止亚硝胺对食品污染的主要措施是改进食品加工方法。如用燃料木材熏制，在加工腌制肉或鱼类食品时，最好不用或少用硝酸盐。

我国规定了香肠、火腿、腊肉、熏肉等肉制品（GB9677－88）和啤酒（GB2758－81）中的N－亚硝胺均不得超过$3\mu g/kg$。

苯并（a）芘的污染

这种化学物质主要产生于各种有机物（如煤、柴油、汽油、原油及香烟）的不完全燃烧。食品在烟熏、烧烤或烘焦等制作过程中，燃料的不完全燃烧产生的苯并（a）芘［B（a）P］直接接触食品会造成污染。据报道，煤烟及大气飘尘中的 B（a）P 降落入土壤和水中，植物可从中吸收 B（a）P 造成食物的间接污染。另外，食品在加工贮存过程中，有时也会受到含 B（a）P 的物质的污染。如将牛奶在涂石蜡的容器中存放，石蜡中 B（a）P 可全部转移至牛奶中。

防止 B（a）P 污染主要措施是在食品加工过程中油温不要超过 170℃，可选用电炉和间接热烘熏食品，不要使食品与炭火直接接触。

热解产物

食品加工的温度过高时，会产生一些对人体有害的物质。例如蛋白质和油脂加热温度过高时，其中的成分会经过化学作用而变质，变质产生的物质可能具有毒性或致癌，食用后对人体有害。

铅、砷等有害物质的污染

在加工金属机械、容器时会导致所含金属毒物的迁移，使用不符合卫生要求的包装材料也会使有害物质溶出和迁移。此外，使用食品添加剂、不合理使用化学清洗剂也会造成铅、砷等有害金属对食物的污染。

▶▶ 知识点

亚硝酸盐，一类无机化合物的总称。主要指亚硝酸钠。亚硝酸钠为白色至淡黄色粉末或颗粒状，味微咸，易溶于水。外观及滋味都与食盐相似，并在工业、建筑业中广为使用，肉类制品中也允许作为发色剂限量使用。亚硝酸盐引起食物中毒的机率较高，人食入 0.3～0.5 克的亚硝酸盐即可引起中毒甚至死亡。

延伸阅读

食品生产过程中应尽量避免微生物或其他污染物污染，隔离是个好方法。由于食品生产工艺及环境复杂，在配料、制造、冷却、灌装和包装等工艺过程中存在许多可变的影响因素，因此对食品加工设备的设计就需实现生产过程的密闭化，实行隔离技术。

食品工业的隔离技术涉及饮料、烘焙、休闲食品等对保质期有严格要求的行业，因此在生产中，如饮料加工行业为避免污染，需在生产工序的加工设备周围设计并建立隔离区，将操作人员隔离在灌装区以外，采取彻底的隔离技术和自动控制系统，最大限度地降低操作人员对环境的影响，同时也可以大大降低无菌生产环境中产品被微生物污染的风险。

绿色食品的必备条件及标志是什么？

近年来，绿色食品以其鲜明的无污染、无公害形象赢得了广大消费者的好评，但是绿色食品并非指那些"绿颜色"的食品，而是指按特定生产方式生产，并经国家有关的专门机构认定，准许使用绿色食品标志的无污染、无公害、安全、优质、营养型的食品。

在许多国家，绿色食品又有着许多相似的名称和叫法，诸如"生态食品""自然食品""蓝色天使食品""健康食品""有机农业食品"等。由于在国际上，对于保护环境和与之相关的事业已经习惯冠以"绿色"的字样，所以，为了突出这类食品产自良好的生态环境和严格的加工程序，在中国统一被称作"绿色食品"。

绿色食品需具备以下条件：

1. 产品或产品原料产地必须符合绿色食品生态环境质量标准。

2. 农作物种植、畜禽饲养、水产养殖及食品加工必须符合绿色食品生产操作规程。

3. 产品必须符合绿色食品标准。

4. 产品的包装、贮运必须符合绿色食品包装、贮运标准。

绿色食品分 A 级绿色食品和 AA 级绿色食品，AA 级优于 A 级。A 级绿色食品，系指在生态环境质量符合规定标准的产地、生产过程中允许限量使用限定的化学合成物质，按特定的生产操作规程生产、加工、产品质量及包装经检测、检查符合特定标准，并经专门机构认定，许可使用 A 级绿色食品标志的产品。AA 级绿色食品（等同有机食品），系指在生态环境质量符合规定标准的产地，生产过程中不使用任何有害化学合成物质，按特定的生产操作规程生产、加工，产品质量及包装经检测、检查符合特定标准，并经专门机构认定，许可使用 AA 级绿色食品标志的产品。

绿色食品标志是由中国绿色食品发展中心在国家工商行政管理局商标局正式注册的质量证明商标。绿色食品标志由三部分构成，即上方的太阳、下方的叶片和中心的蓓蕾。标志为正圆形，意为保护。整个图形描绘了一幅明媚阳光照耀下的和谐生机，告诉人们绿色食品正是出自纯净、良好生态环境的安全无污染食品，能给人们带来蓬勃的生命力。绿色食品标志还提醒人们要保护环境，通过改善人与环境的关系，创造自然界新的和谐。

绿色食品标志由中国绿色食品协会认定颁发，作为一种特定的产品质量证明商标，其商标专用权受《中华人民共和国商标法》保护。

我们在选购食品时，应认清绿色食品标志。A 级标志为绿底白字，AA 级标志为白底绿字。此外，还可以登录"中国绿色食品网"（www. greenfood. org. cn）辨认产品的真伪。

知识点

有机食品（organic food）也叫生态或生物食品等。有机食品是目前国际上对无污染天然食品比较统一的提法。有机食品通常来自于有机农业生产体系，根据国际有机农业生产要求和相应的标准生产加工的。除有机食品外，目前国际上还把一些派生的产品，如有机化妆品、纺织品、林产品等，经认证后统称有机产品。

延伸阅读

绿色食品与有机食品。绿色食品是中国政府主推的一个认证农产品，有绿色 AA 级和 A 级之分，而 AA 级的生产标准基本上等同于有机农业标准。绿色食品是普通耕作方式生产的农产品向有机食品过渡的一种食品形式。有机食品是食品行业的最高标准。

绿色包装的特点有哪些？

绿色包装发源于 1987 年联合国环境与发展委员会发表的《我们共同的未来》，到 1992 年 6 月联合国环境与发展大会通过了《里约环境与发展宣言》《21 世纪议程》，随即在全世界范围内掀起了一个以保护生态环境为核心的绿色浪潮。

绿色包装具有以下特点：

1. 包装应易于重复利用（reuse）或易于回收再生（recycle）。通过多次重复使用，或通过回收废弃物，生产再生制品、焚烧利用热能、堆肥化改善土壤等措施，达到再利用的目的。既不污染环境，又可充分利用资源。

2. 实行包装减量化（reduce）。绿色包装在满足保护、方便、销售等功能的条件

中国环境科学学会绿色包装标志

下，应是用量最少的适度包装。欧美等国将包装减量化列为发展无害包装的首选措施。

3. 包装材料对人体和生物应无毒无害。包装材料中不应含有有毒物质或有毒物质的含量应控制在有关标准以下。

4. 包装废弃物可以降解腐化（degradable）。为了不形成永久的垃圾，不可回收利用的包装废弃物要能分解腐化，进而达到改善土壤的目的。当前世界各工业国家均重视发展利用生物或光降解的包装材料。reduce、reuse、

recycle 和 degradable 即是当今世界公认的发展绿色包装的 3R 和 1D 原则。

5. 在包装产品的整个生命周期中，均不应对环境产生污染或造成公害。即包装制品从原材料采集、材料加工、制造产品、产品使用、废弃物回收再生，直至最终处理的生命全过程均不应对人体及环境造成公害。

以上绿色包装的含义中，前四点是绿色包装必须具备的要求，最后一点是依据生命周期评价，用系统工程的观点，对绿色包装提出的理想的、最高的要求。

知识点

　　绿色包装（green package）又可以称为无公害包装和环境之友包装（environmental friendly package），指对生态环境和人类健康无害，能重复使用和再生，符合可持续发展的包装。它的理念有两个方面的含义：一个是保护环境，另一个就是节约资源。这两者相辅相成，不可分割。其中保护环境是核心，节约资源与保护环境又密切相关，因为节约资源可减少废弃物，其实也就是从源头上对环境的保护。

延伸阅读

　　1975 年，世界第一个绿色包装的"绿色"标识在德国问世。世界第一个绿色包装的"绿点"标识是由绿色箭头和白色箭头组成的圆形图案，上方文字由德 DERGRNEPONKT 组成，意为"绿点"。绿点的双色箭头表示产品或包装是绿色的，可以回收使用，符合生态平衡、环境保护的要求。1977 年，德国政府又推出"蓝天使"绿色环保标识，授予具有绿色环保特性的产品，包括包装。"蓝天使"标识由内环和外环构成，内环是由联合国的桂冠组成的蓝色花环，中间是蓝色小天使双臂拥抱地球状图案，表示人们拥抱地球之意。外环上方为德文循环标识，外环下方则为德国产品类别的名字。

如何面对转基因？

生物工程的兴起和发展是 20 世纪生命科学领域最伟大的事件。目前，转基因作物正在按照人们的意愿被"重新设计"。有人预言，21 世纪将是转基因作物的一个转换期，科技含量将有很大提高，但如何评价转基因食品的安全问题，是摆在世人面前的难题和挑战。

自然界每种生物都固有不同的生命特征，而保持这些生命特征的物质就是细胞核中的基因（DNA）。所谓转基因生物就是指为了达到特定的目的而将 DNA 进行人为改造的生物。通常的做法是提取某生物具有特殊功能的基因片断，通过基因技术加入到目标生物当中。经基因改造的农作物，外表和天然作物没多大区别，味道也相似，但有的转基因作物中添加了提高营养物质的基因，有的则可以适应恶劣的自然环境以及提高产量和质量等。

据不完全统计，1996 年全球转基因农作物耕种面积为 170 万公顷，到了 2000 年增至 4420 万公顷，短短 4 年增长近 30 倍，发展迅猛可想而知。而其中转基因的大豆和玉米的耕种面积约占总耕种面积的 80% 左右。在食品工业中，大豆和玉米以及它们的加工品都是必不可少的原料，利用这些转基因原料制成的食品也是转基因食品。

环境团体举办活动告知人们转基因食品的风险。目前，国际上通常称转基因食品为"有风险的食品"，对它的利弊争论激烈。一方认为，转基因对人不会有任何危险，而且转基因技术的应用给农业生产带来了革命。经过转基因的农产品比传统的农产品具有更高的生长优势，而且可以添加额外的营养物质或除去某些不良物质，惠及生产商和消费者。而另一方则认为，当一种功能基因被移入另一机体中，这种基因的功能可能发生不可预知的变化，而机体的相应反应更不可预测。另外疾病可能有很长的潜伏期，而毒性物质对人体的危害也需要一个积累的过程才能显现。转基因食品对人体的长期影响还难以有科学的确定。

转基因食品越来越广泛地进入人类的食物链，从而引起了全球的关注。一些消费者开始抵制和反对转基因食品，世界各地的绿色和平组织也大声疾呼反对转基因。在种种压力之下，目前大部分国家开始逐步实施对转基因食品的严格管理。

我国非常重视对转基因作物和转基因产品的管理。2001 年 5 月 23 日，我国颁布的《农业转基因生物安全管理条例》规定，进口农业转基因生物用作加工原料的，应向有关部门提出申请，经安全评价合格的，才可颁发农业转基因生物安全证书。2002 年 3 月 20 日农业部正式执行了 3 个关于转基因生物的管理办法，规定了第一批实施标志管理的农业转基因生物名单，主要有大豆、玉米、油菜、棉花、番茄及它们的种子和加工品等。2002 年 7 月 1 日卫生部开始实施《转基因食品卫生管理办法》，规定转基因产品的进口商在对华销售其产品前，必须获得卫生部食用安全与营养质量评价验证，进一步加强了对转基因食品的监督管理，保障了消费者的健康权和知情权。

知识点

生物工程是 20 世纪 70 年代初开始兴起的一门新兴的综合性应用学科，90 年代诞生了基于系统论的生物工程，即系统生物工程，应用生命科学及工程学的原理，借助生物体作为反应器或用生物的成分作为工具以提供产品来为社会服务的生物技术，包括基因工程、细胞工程、发酵工程、酶工程等。

延伸阅读

转基因食品的利弊。优点：可增加作物单位面积产量；可以降低生产成本；通过转基因技术可增强作物抗虫害、抗病毒等的能力；提高农产品的耐贮性，延长保鲜期，满足人民生活水平日益提高的需求；可使农作物开发的时间大为缩短；可以摆脱季节、气候的影响，四季低成本供应；打破物种界限，不断培植新物种，生产出有利于人类健康的食品。缺点：所谓的增产是不受环境影响的情况下得出的，如果遇到雨雪的自然灾害，也有可能减产更厉害。且多项研究表明，转基因食品对哺乳动物的免疫功能有损害。更有研究表明，试验用仓鼠食用了转基因食品后，到其第三代就绝种了。

有机食品与其他食品的区别?

有机食品是一种国际通称，是从英文 organic food 直译过来的，其他语言中也有叫生态或生物食品等。这里所说的"有机"不是化学上的概念，而是指采取一种有机的耕作和加工方式。有机食品是指按照这种方式生产和加工的、产品符合国际或国家有机食品要求和标准、通过国家认证机构认证的一切农副产品及其加工品，包括粮食、蔬菜、水果、奶制品、禽畜产品、蜂蜜、水产品、调料等。

目前，我国有关部门在推行的其他标志食品还有无公害食品和绿色食品。可以认为，无公害食品应当是普通食品都应当达到的一种基本要求，绿色食品是从普通食品向有机食品发展的一种过渡产品。有机食品与其他食品的区别体现在如下几个方面：

1. 在生产转型方面，从生产其他食品到有机食品需要 2～3 年的转换期，而生产其他食品（包括绿色食品和无公害食品）没有转换期的要求。

2. 有机食品在生产加工过程中绝对禁止使用农药、化肥、激素等人工合成物质，并且不允许使用基因工程技术；而其他食品则允许有限使用这些技术，且不禁止基因工程技术的使用。如绿色食品对基因工程和辐射技术的使用就未做规定。

3. 数量控制方面，有机食品的认证要求定地块、定产量，而其他食品没有如此严格的要求。

因此，生产有机食品要比生产其他食品难得多，需要建立全新的生产体系和监控体系，采用相应的病虫害防治、地力保护、种子培育、产品加工和储存等替代技术。科学家研究发现，有机食品含有更高的有益矿物质，并且有助于提高人们的营养吸收。

中国有机产品标志的主要图案由三部分组成，既外围的圆形、中间的种子图形及其周围的环形线条。标志外围的圆形形似地球，象征和谐、安全，圆形中的"中国有机产品"字样为中英文结合方式。既表示中国有机产品与世界同行，也有利于国内外消费者识别。标志中间类似于种子的图形代表生命萌发之际的勃勃生机，象征了有机产品是从种子开始的全过程认证，同时昭示出有机产品就如同刚刚萌发的种子，正在中国大地上茁壮成长。种子图形周围圆润自如的线条象征环形道路，与种子图形合并构成汉字"中"，体现出有机产品植根中国，有机之路越走越宽广。同时，处于平面的环形又是英文字母"C"的变体，种子形状也是"O"的变形，意为"China Organic"。

C 100 M 0 Y 100 K 0
C 0 M 60 Y 100 K 0

中国有机产品标志

知识点

在中国食品安全体系中，无公害食品是食品安全的底线标准。无公害农产品是指产地环境、生产过程、产品质量符合国家有关标准和规范的要求，经认证合格获得认证证书并允许使用无公害农产品标志的未经加工或初加工的食用农产品。在无公害农产品生产中，允许按规定程序使用农药、化肥，但有害物质残留不会超过允许标准。无公害农产品的产品质量要优于普通农产品，但低于绿色食品和有机食品。

延伸阅读

有机食品的好处：

1. 较为健康。研究显示有机食品含有较多铁质、镁质、钙质等微量元素及维生素C，而重金属及致癌的硝酸盐含量则较低。

2. 味道较好。有机农业提倡保持产品的天然成分，因此可保持食物的原来味道。

3. 避免爆发类似禽流感一类的疾病。密集式的动物饲养方式令疾病很容易传播，而有机农业要求开放的动物饲养方式，则可以令动物有空间伸展活动，增强动物的抵抗力，降低疾病传播的机会。

4. 含有较少化学物质。在有机生产的理念下，所有生产及加工处理过程均只允许在有限制的情况下施用化学物质。

5. 生产过程不含基因改造成分。在有机生产的理念下，所有生产及加工处理过程中均不可使用任何基因改造生物及其衍生物。

6. 对环境及生态有利。有机生产鼓励使用天然物料，适量施肥及灌溉，减少资源浪费，提高农场内及其周边的生物多样性。

7. 保护土壤。有机农业要求的土壤保护措施是希望恢复和维持土壤的生命力，令土壤能继续为人类提供足够而优质的食物。

怎样正确认识食品添加剂？

食品安全成为了我国乃至全世界高度关注的热门话题，食品安全是人们日常生活中不可避免的问题，更是人类赖以生存与发展的永恒的话题。在食品行业中，咸式食品从食盐呈味发展到味精呈鲜，以至现在鸡精等的复合调味的出现，都离不开食品添加剂，可以说"没有食品添加剂就没有现代食品工业"。食品添加剂也是当今人们生活水平不断提高的必然需求。

有些食品包装标示不当，导致消费者的误解。尤其是"不加防腐剂""不添加防腐剂""不含防腐剂"等使消费者误认为"防腐剂"就是"食品添加剂"，甚至有人误解"加了食品添加剂就是不安全的""加了防腐剂就是不安全的"，其实食盐、白糖、味精都是食品添加剂，许多食品广泛地应用营养强化剂，营养强化剂也是食品添加剂的一种，如常见的维生素糖果、AD钙奶、富铁酱油等等都加入了营养强化剂，这对人体健康是有很大帮助的。

在各类食品添加剂中，食品防腐剂可以说是消费者误解最多的一个品种。由于知识的缺乏和某些误导，一些消费者把食品防腐剂与"有毒、有害"等同起来，把食品中的防腐剂看作食品中主要的安全隐患，其实不然。

食品在一般的自然环境中，因微生物的作用将失去原有的营养价值、组织性状以及色、香、味，变成不符合卫生要求的食品。食品防腐剂是指为食品防腐和食品加工、储运的需要，加入食品中的化学合成物质或天然物质。它能防止食品因微生物引起的腐败变质，使食品在一般的自然环境中具有一定的保存期。

在现代食物加工中，只有具有相当的保藏食品能力才有可能适应消费者的需求，所以，食品都必须使用适当的防腐技术。食品防腐剂的用途，广义地说，就是减少、避免人类的食品中毒。狭义地说，是防止微生物作用而阻止食品腐败的有效措施之一。

我们一定不要"谈剂色变"，要正确看待食品添加剂，实际上食品添加剂对人们的身体健康是有益的，关键是在食品生产过程中如何正确使用。只有正确认识、了解食品添加剂的性能，才能很好地发挥食品添加剂的最佳功效，才能保证高品质食品的生产，才能保证食品安全的同时降低生产成本。

食品添加剂主要有化学合成的和天然的，我国批准使用于食品生产的有20多个类别、2000多个品种，主要有增稠剂、乳化剂、抗结剂、消泡剂、被膜剂、水分保持剂、稳定剂和凝固剂、甜味剂、酶制剂、调味剂、面粉处理及品质改良剂、防腐抗氧化剂、保鲜剂、着色剂、香精香料及其他、营养强化剂、漂白剂、胶姆糖基础剂、护色剂、酸度调节剂、螯合剂、分离剂、充气剂、赋性剂、食品加工助剂等。这些被允许使用于食品的食品添加剂都经过了国家相关卫生监督部门以及检测部门的毒理学依据性实验，每一种食品添加剂都有相应范围的食品加工应用和安全使用量、质量标准、鉴别方法等。

到目前为止，国家只批准了32种允许使用的食物防腐剂，其中最常用的有苯甲酸、山梨酸等。苯甲酸的毒性比山梨酸强，而且在相同的酸度值下抑菌效力仅为山梨酸的1/3，因此许多国家已逐步改用山梨酸，但因苯甲酸及其钠盐价格低廉，在我国仍作为主要防腐剂使用，主要用于碳酸饮料和果汁。山梨酸及其盐类抗菌力强，毒性小，是一种不饱和脂肪酸，可参与人体的正常代谢，并被转化而产生二氧化碳和水，山梨酸由于防腐效果好，对食品口味亦无不良影响，已越来越受到欢迎。

知识点

被膜剂是一种覆盖在食物的表面后能形成薄膜的物质，可防止微生物入侵，抑制水分蒸发或吸收和调节食物呼吸作用。现允许使用的被膜剂有紫胶、石脂、白色油（液体石蜡）、吗啉脂肪酸盐（果蜡）、松香季戊四醇酯等7种，主要应用于水果、蔬菜、软糖、鸡蛋等食品的保鲜。

延伸阅读

正确防范食品添加剂的危害要做到：1. 在超市买东西，务必养成翻过来看"背面"的习惯，尽量买含添加剂少的食品。2. 选择加工度低的食品。买食品的时候，要尽量选择加工度低的食品。加工度越高，添加剂也就越多。请不要忘记，光线越强，影子也就越深。3. "知道"了以后再吃。希望大家在知道了食品中含有什么样的添加剂之后再吃。4. 不要直奔便宜货——便宜是有原因的，在价格战的背后，有食品加工业者在暗中活动。5. 具有"简单的怀疑"精神。"为什么这种明太鱼子的颜色这么漂亮？""为什么这种汉堡包会这么便宜？"具备了"简单的怀疑"精神，在挑选加工食品的时候，真相自然而然就会出现。

三聚氰胺是什么？

2008 年，由于毒奶粉事件，化学品"三聚氰胺"闯进人们的视野。三聚氰胺（英文名 melamine），是一种三嗪类含氮杂环有机化合物，重要的氮杂环有机化工原料。

三聚氰胺是一种用途广泛的基本有机化工中间产品，最主要的用途是作为生产三聚氰胺/甲醛树脂（MF）的原料。三聚氰胺还可以做阻燃剂、减水剂、甲醛清洁剂等。该树脂硬度比脲醛树脂高，不易燃，耐水、耐热、耐老化、耐电弧、耐化学腐蚀，有良好的绝缘性能、光泽度和机械强度，广泛运用于木材、塑料、涂料、造纸、纺织、皮革、电气、医药等行业。其主要用途有以下几方面：

1. 装饰面板：可制成防火、抗震、耐热的层压板，色泽鲜艳、坚固耐热的装饰板，做飞机、船舶和家具的贴面板及防火、抗震、耐热的房屋装饰材料。

2. 涂料：用丁醇、甲醇醚化后，作为高级热固性涂料、固体粉末涂料的胶联剂、可制作金属涂料和车辆、电器用高档氨基树脂装饰漆。

3. 模塑粉：经混炼、造粒等工序可制成蜜胺塑料，无毒、抗污，潮湿时仍能保持良好的电气性能，可制成洁白、耐摔打的日用器皿、卫生洁具和仿瓷餐具，电器设备等高级绝缘材料。

4. 纸张：用乙醚醚化后可用作纸张处理剂，生产抗皱、抗缩、不腐烂的钞票和军用地图等高级纸。

5. 三聚氰胺－甲醛树脂与其他原料混配，还可以生产出织物整理剂、皮革鞣润剂、上光剂和抗水剂、橡胶黏合剂、助燃剂、高效水泥减水剂、钢材淡化剂等。

目前三聚氰胺被认为毒性轻微，大鼠口服的半数致死量大于 3 克／千克体重。据 1945 年的一个实验报道：将大剂量的三聚氰胺饲料喂给大鼠、兔和狗后没有观察到明显的中毒现象。动物长期摄入三聚氰胺会造成生殖、泌尿系统的损害，膀胱、肾部结石，并可进一步诱发膀胱癌。1994 年国际化学品安全规划署和欧洲联盟委员会合编的《国际化学品安全手册》第三卷和国际化学品安全卡片也只说明：长期或反复大量摄入三聚氰胺可能对肾与膀胱产生影响，导致产生结石。然而，2007 年美国宠物食品污染事件的初步调查结果认为：掺杂了≤6.6％三聚氰胺的小麦蛋白粉是宠物食品导致中毒的原因，为上述毒性轻微的结论画上了问号。但为安全考虑，一般采用三聚氰胺制造的食具都会标明"不可放进微波炉使用"。

由于食品和饲料工业蛋白质含量测试方法的缺陷，三聚氰胺也常被不法商人用作食品添加剂，以提升食品检测中的蛋白质含量指标。蛋白质主要由氨基酸组成，其含氮量一般不超过30％，而三聚氰胺的分子中含氮量为66％左右。蛋白质测试方法"凯氏定氮法"是通过测出含氮量来估算蛋白质含量的，因此，添加三聚氰胺会使得食品的蛋白质测试含量偏高，从而使劣质食品通过食品检验机构的测试。有人估算在植物蛋白粉和饲料中使测试蛋白质含量增加一个百分点，用三聚氰胺的花费只有真实蛋白原料的1/5。三聚氰胺作为一种白色结晶粉末，没有什么气味和味道，掺杂后不易被发现，因此三聚氰胺也被人称为"蛋白精"。

知识点

凯氏定氮法是测定化合物或混合物中总氮量的一种方法。即在有催化剂的条件下，用浓硫酸消化样品将有机氮都转变成无机铵盐，然后在碱性条件下将铵盐转化为氨，随水蒸气馏出并为过量的酸液吸收，再以标准碱滴定，就可计算出样品中的氮量。由于蛋白质含氮量比较恒定，可由其氮量计算蛋白质含量，故此法是经典的蛋白质定量方法。

延伸阅读

二噁英中毒急救措施。皮肤接触：脱去污染的衣着，用大量流动清水冲洗。眼睛接触：提起眼睑，用流动清水或生理盐水冲洗，就医。吸入：脱离现场至空气新鲜处。就医。食入：饮足量温水，催吐，就医。

消防措施。危险特性：受热分解放出剧毒的氰化物气体。有害燃烧产物：一氧化碳、二氧化碳、氮氧化物、氰化氢。灭火方法：消防人员必须佩戴过滤式防毒面具（全面罩）或隔离式呼吸器、穿全身防火防毒服，在上风向灭火。尽可能将容器从火场移至空旷处。

为什么要严格控制二噁英？

二噁英是氯化三环芳烃类化合物，被称为环境中的"重复杀手"，是一种毒性极强的特殊有机化合物，包括多氯代二本并二噁英、多氯代二苯呋喃和多氯代联苯等。其毒性比氰化钠要高 50 - 100 倍，比砒霜高 900 倍。

二噁英进入人体的途径主要有呼吸道、皮肤和消化道。它能够导致严重的皮肤损伤性疾病，具有强烈的致癌、致畸作用，同时还具有生殖毒性、免疫毒性和内分泌毒性。如果人体短时间暴露于较高浓度的二噁英中，就有可能导致皮肤的损伤，如出现氯痤疮及皮肤黑斑，还可出现肝功能的改变。如果长期暴露则会对免疫系统、发育中的神经系统、内分泌系统和生殖功能造成损害。研究表明，暴露于高浓度的二噁英环境下的工人，其癌症发病率比普通人群高 60 个百分点。二噁英进入人体后所带来的最敏感的后果包括：子宫内膜异位症、影响神经系统行为（识别）发育效应、影响生殖（精子的数量、女性泌尿生殖系统畸形）系统发育效应以及免疫毒性效应。

目前还很难将二噁英处理为对环境和人类无污染的物质。尽管还在研究其他的方法，但焚烧仍不失为最可行的办法，这种办法需要 850℃ 以上的高温。为了破坏掉大量被污染的物质，有时甚至需要 1000℃ 或更高的温度。为了减少二噁英对人类健康的危害，最根本的措施是控制环境中二噁英的排放，从而减少其在食物链中的沉积。在过去的十年里，许多发达国家所采取的控制二噁英释放的措施已经使暴露二噁英的事件大大减少。由于 90% 的人是通过饮食而意外暴露于二噁英，因此，保护食品供应是非常关键的一个环节。

食品污染可以发生在由农场到餐桌的任何一个阶段。保证食品的安全是一个从生产到消费的连续的过程。在最初的生产、加工、分配和销售过程中，良好的控制和操作惯例对于制作安全的食品都是必不可少的。食品污染监测系统必须要保证二噁英不超过规定的容许量。一旦怀疑有污染事件发生时，国家就应该采取应变措施来鉴定、扣押以及处置那些不安全食品，对暴露的人群则应该就暴露的程度和影响进行检查。

二噁英是一种剧毒物质，万分之一甚至亿分之一克的二噁英就会给健康带来严重的危害。二噁英污染是关系到人类存亡的重大问题，必须严格加以控制。

知识点

> 二噁英实际上是二噁英类（dioxins）的一个简称，它指的并不是一种单一物质，而是结构和性质都很相似的包含众多同类物或异构体的两大类有机化合物。二噁英包括 210 种化合物，这类物质非常稳定，熔点较高，极难溶于水，可以溶于大部分有机溶剂，是无色无味的脂溶性物质，所以非常容易在生物体内积累，对人体危害严重。

延伸阅读

尽管二噁英来源于本地，但环境分布是全球性的。世界上几乎所有媒介上都被发现有二噁英。这些化合物聚积最严重的地方是在土壤、沉淀物和食品，特别是乳制品、肉类、鱼类和贝壳类食品中。其在植物、水和空气中的含量非常低。

PCB 工业废油的大量储存，其中许多含有高浓度的 PCDFs，这种现象遍及全球。长期储存以及不当处置这种材料可能导致二噁英泄漏到环境中，导致人类和动物食物污染。PCB 废物很难做到在不污染环境和人类的情况下被处理掉。这种材料需要被视为危险废物并且最好通过高温焚烧处理。

果蔬里竟含有天然毒素？

有些水果蔬菜本身还含有天然毒素，应小心食用。

竹笋

毒素：生氰葡萄糖苷
病发时间：可在数分钟内出现。
症状：喉道收紧、恶心、呕吐、头痛等，严重者甚至死亡。食用时应将竹笋切成薄片，彻底煮熟。

苹果、杏、梨、樱桃、桃、梅子等水果的种子及果核

毒素：生氰葡萄糖苷

病发时间：可在数分钟内出现。

症状：与竹笋相同。此类水果的果肉都没有毒性，果核或种子却含有毒素，儿童最易受影响，吞下后可能中毒，给他们食用时最好去核。

豆类，如四季豆、红腰豆、白腰豆等

毒素：植物凝血素

病发时间：进食后 1~3 小时内。

症状：恶心、呕吐、腹泻等。红腰豆所含的植物凝血素会刺激消化道黏膜，并破坏消化道细胞，降低其吸收养分的能力。如果毒素进入血液，还会破坏红细胞及其凝血作用，导致过敏反应。研究发现，煮至80℃未全熟的豆类毒素反而更高，因此必须煮熟、煮透后再吃。

鲜金针

毒素：秋水仙碱

病发时间：1 小时内出现。

症状：肠胃不适、腹痛、呕吐、腹泻等。秋水仙碱可破坏细胞核及细胞分裂的能力，令细胞死亡。经过食品厂加工处理的金针或干金针都无毒，如以新鲜金针入菜，则要彻底煮熟。

青色、发芽、腐烂的马铃薯

毒素：茄碱

病发时间：1 小时内出现。

症状：口腔有灼热感、胃痛、恶心、呕吐。

马铃薯发芽或腐烂时，茄碱含量会大大增加，带苦味，而大部分毒素正存在于青色的部分以及薯皮和薯皮下。茄碱进入人体内，会干扰神经细胞之间的传递，并刺激肠胃道黏膜，引发肠胃出血。

另外还需注意：

鲜蚕豆。有的人体内缺少某种酶，食用鲜蚕豆后会引起过敏性溶血综合征，即全身乏力、贫血、黄疸、肝肿大、呕吐、发热等，若不及时抢救，会因极度贫血死亡。

腐烂变质的白木耳。它会产生大量的酵米面黄杆菌，食用后胃部会感到不适，严重者可出现中毒性休克。

未成熟的青西红柿。它含有生物碱，人食用后也会中毒。

鲜木耳。含有一种光感物质，人食用后会随血液循环分布到人体表皮细胞中，受太阳照射后，会引发日光性皮炎。这种有毒光感物质还易于被咽喉黏膜吸收，导致咽喉水肿。

知识点

生物碱的分布。1. 绝大多数生物碱分布在高等植物，尤其是双子叶植物中，如毛茛科、罂粟科、防己科、茄科、豆科等。2. 极少数生物碱分布在低等植物中。3. 同科同属植物可能含相同结构类型的生物碱。4. 一种植物体内多有数种或数十种生物碱共存，且它们的化学结构有相似之处。

延伸阅读

尽管木薯的块根富含淀粉，但其全株各部位，包括根、茎、叶都含有毒物质，而且新鲜块根毒性较大。因此，在食用木薯块根时一定要注意。木薯含有的有毒物质为亚麻仁苦苷，如果摄入生的或未煮熟的木薯或喝其汤，都有可能引起中毒。其原因为亚麻仁苦苷或亚麻仁苦苷酶经胃酸水解后产生游离的氢氰酸，从而使人体中毒。一个人如果食用 150～300 克生木薯即可引起中毒，甚至死亡。要防止木薯中毒，可在食用木薯前去皮，用清水浸薯肉，使氰苷溶解。一般泡 6 天左右就可去除 70% 的氰苷，再加热煮熟，即可食用。

如何鉴别被污染的鱼？

随着人类科学技术和生产的发展，尤其是农药和化肥的广泛应用、众多的工业废气、废水和废渣的排放，一些有毒物质，如汞、酚、有机氯、有机磷、硫化物、氰化物等，混杂在土壤里、空气中，源源不断地注入鱼塘、河流或湖泊，甚至直接进入水系，造成大面积的水质污染，致使鱼类受到危害。被污染的鱼，轻则带有臭味、发育畸形，重则死亡。人们误食受到污染的鱼，有毒物质便会转移至人体，在人体中逐渐积累，引起疾病。因此，人们在吃鱼时一定要辨别清楚，可通过以下几个特征来识别污染鱼。

1. 畸形。鱼体受到污染后的重要特征是畸形，只要细心观察，不难识别。污染鱼往往躯体变短变高，背鳍基部后部隆起，臀鳍起点基部突出，从臀鳍起点到背鳍基部的垂直距离增大；背鳍偏短，鳍条严密，腹鳍细长；胸鳍一般超过腹鳍基部；臀鳍基部上方的鳞片排列紧密，有不规则的错乱；鱼体侧线在体后部呈不规则的弯曲；严重畸形者，鱼体后部表现凸凹不平，臀鳍起点后方的侧线消失。另一重要特征是，污染鱼大多鳍条松脆，一碰即断，最易识别。

2. 含苯的鱼。鱼体无光泽，鱼眼突出，掀开鳃盖，有一股浓烈的"六六六"粉气味。煮熟后仍然刺鼻，尝之涩口。含苯的鱼，其毒性较含酚的更大，一定不可食用。

3. 含磷、氯的鱼。鱼眼突出，鳞片松开，可见鱼体肿胀，掀开鳃盖，能嗅到一股辛辣气味，鳃丝满布黏液性血水，以手按之，有带血的脓液喷出，入口有麻木感觉。被磷、氯所污染的鱼品，应该忌食。吃了被污染的鱼，人体可能慢性中毒、急性中毒，甚至诱发多种疾病，可致畸、致癌。人们垂钓、食用时一定要多加注意。

4. 含汞的鱼。鱼眼一般不突出。鱼体灰白，毫无光泽。肌肉紧缩，按之发硬。掀开鳃盖，嗅不到异味。经过高温加热，可使汞挥发一部分或大部分，但鱼体内残留的汞毒素仍然不少，不宜食用。

5. 含酚的鱼。鱼眼突出，体色蜡黄，鳞片无光泽，掰开鳃盖，可嗅到明显的煤油气味。烹调时，即使用很重的调味品盖压，仍然刺鼻难闻，尝之麻口，使人作呕。被酚所污染的鱼品，不可食用。

HUANJING BAOHU XIAOBAIKE

知识点

　　汞广泛存在于自然界，各种自然现象可使汞从地表经大气、雨雪等环节不断循环，并可被动植物吸收。人类的生产活动可明显加重汞对环境的污染。此种人为污染比重虽不很大，但排放集中，故危害远较自然污染严重。含汞污水对江河湖海的污染即可引起公害病，如水俣病。经食物摄入人体的汞量如今已达到 $20\sim30\mu g$/日，严重污染地区甚至高达 $200\sim300\mu g$/日，这给人类健康构成严重威胁，故汞中毒防治已成为世界各国共同面临的重要课题。

延伸阅读

　　如何挑选新鲜的鱼呢？1. 观鱼形。污染重的鱼，形态异常，有的头大尾小，脊椎弯曲甚至出现畸形，还有的表皮发黄、尾部发青。2. 看鱼眼。饱满凸出、角膜透明清亮的是新鲜鱼；眼球不凸出，眼角膜起皱或眼内有淤血的则不新鲜。3. 嗅鱼鳃。新鲜鱼的鳃丝呈鲜红色，黏液透明，具有海水鱼的咸腥味或淡水鱼的土腥味；不新鲜鱼的鳃色变暗呈灰红或灰紫色，黏液腥臭。4. 摸鱼体。新鲜鱼的表面有透明黏液，鳞片有光泽且与鱼体贴附紧密，不易脱落；不新鲜鱼表面的黏液多不透明，鳞片光泽度差且较易脱落。5. 掐鱼肉。新鲜鱼肉坚实有弹性，指压后凹陷立即消失，无异味；不新鲜鱼肉稍呈松散，指压后凹陷消失得较慢，稍有腥臭味。6. 看鱼腹。新鲜鱼的腹部不膨胀，肛孔呈白色、凹陷；不新鲜的鱼肛孔稍凸出。

野生动物为什么不能吃？

　　许多人对"野味"异常热衷，以食用珍禽异兽为荣，实际上这是一种愚昧、不文明的表现，既破坏了生态的平衡，又不利于自身的健康。

人们往往认识不到，各种野生动物的存在是人类过安全、幸福生活的保障。例如，鸟类和青蛙是多种害虫的天敌。由于人们的过度捕杀，鸟类和蛙类数量锐减，导致我国森林和农田的虫害极其频繁。因此人们大量使用杀虫农药，但是这样又使人类的食物和水源受到污染。又如，蛇和猫头鹰是老鼠的天敌，由于人类热衷于吃蛇和猫头鹰，使许多地区鼠害严重，仅北京市一年中所投放的鼠药便达300吨之多，带来的污染令人担心。

除了破坏环境外，餐桌上的美味野生动物没有经过卫生检疫就进了灶房，染疫的野生动物对人体造成了极大的危害。据专家介绍，野生动物在野外除死于天敌外，有相当一部分是死于各种疾病，如鹿的结核病患病率就不低。而且野生动物存在着与家禽家畜一样的寄生虫和传染病，有些病还会与家禽、家畜交叉感染。吃野生动物对人类健康的威胁不可小视。

濒危野生动物——大熊猫

野生动物是生物链中重要的一环，不能无节制地捕杀。即使捕杀不受国家保护的动物，也要办理相应的手续，通过卫生检疫后食用。为了保护生态，也为了人类自身的健康，不要滥吃野生动物。

知识点

野生动物是指生存于自然状态下，非人工驯养的各种哺乳动物、鸟类、爬行动物、两栖动物、鱼类、软体动物、昆虫及其他动物。全世界有60 000左右种野生动物，分为濒危野生动物、有益野生动物、经济野生动物和有害野生动物等四种。

🌱 **延伸阅读**

也许有的人认为两栖动物模样丑陋，除了会抓一些昆虫以外没什么本事，但是事实并非如此，两栖动物是地球生态系统的"晴雨表"，如果它们真的在地球上消失了，人类也不会好过。濒危动物名单上水陆两栖动物占 51%，有 408 种。这些形状各异，爬来爬去的动物，包括青蛙、蟾蜍、火蜥蜴和蚓螈，处境异常危险。

两栖动物是自然界最优秀的环境监测器，它们被普遍认为是"矿井中的高频噪音"，具有浸透性的皮肤非常敏感，是环境恶化的特别预警器。它们这种灾难性的剧减也就预示着地球面临着严重的环境退化。

食品垃圾如何分类？

随着食品包装档次的提高，食品垃圾的数量也以惊人的速度增加——食品包装塑料袋、饮料罐、罐头瓶、纸饮料盒、包装纸、玻璃瓶和果皮菜叶等等，如果把它们混在一起扔进垃圾箱，也许在十几年后，我们的周围就被垃圾填满了。街道上，放眼望去到处都是垃圾和废物，让人顿生厌烦的情绪。虽然街道上有垃圾箱，但人们不知道如何给垃圾分类。

我们每个人每天都会扔出许多垃圾，您知道这些垃圾到哪里去了吗？它们通常是先被送到堆放场，然后再送去填埋。垃圾填埋的费用是高昂的，处理一吨垃圾的费用约为 200 ~ 300 元人民币。人们大量地消耗资源，大规模生产，大量地消费，又大量地产生着废弃物。填埋和堆肥都不是最好的处理垃圾的方法，目前我国实行"可持续发展"的政策，分类回收垃圾是最好的处理方法，既节省资源，又保护环境。

目前中国生活垃圾一般可分为四大类：可回收垃圾、厨余垃圾、有害垃圾和其他垃圾。常用的垃圾处理方法主要有综合利用、卫生填埋、焚烧和堆肥。

1. 可回收垃圾主要包括废纸、塑料、玻璃、金属和布料五大类。废纸：主要包括报纸、期刊、图书、各种包装纸、办公用纸、广告纸、纸盒等等，但是要注意纸巾和厕所纸由于水溶性太强不可回收。塑料：主要包括各种塑料袋、塑料包装物、一次性塑料餐盒和餐具、牙刷、杯子、矿泉水瓶等。玻璃：主要包括各种玻璃瓶、碎玻璃片、镜子、灯泡、暖瓶等。金属物：主要包括易拉罐、罐头盒、牙膏皮等。布料：主要包括废弃衣服、桌布、洗脸巾、书包、鞋等。通过综合处理回收利用，可以减少污染，节省资源。如每回收1吨废纸可造好纸850千克，节省木材300千克，比等量生产减少污染74%；每回收1吨塑料饮料瓶可获得0.7吨二级原料；每回收1吨废钢铁可炼好钢0.9吨，比用矿石冶炼节约成本47%，减少空气污染75%，减少97%的水污染和固体废物。

2. 厨余垃圾包括剩菜剩饭、骨头、菜根菜叶等食品类废物，经生物技术就地处理堆肥，每吨可生产0.3吨有机肥料。

3. 有害垃圾包括废电池、废日光灯管、废水银温度计、过期药品等，这些垃圾需要特殊安全处理。

4. 其他垃圾包括除上述几类垃圾之外的砖瓦陶瓷、渣土、卫生间废纸等难以回收的废弃物，采取卫生填埋可有效减少对地下水、地表水、土壤及空气的污染。

如果将食品垃圾分类收集起来物尽所用，就可以避免令人烦恼、臭气熏天的垃圾，而得到的是丰富的资源和清洁的环境。所以在日常生活中请不要嫌麻烦，分类回收食品包装材料，将让我们的环境更加干净美丽。

知识点

堆肥是利用含有肥料成分的动植物遗体和排泄物，加上泥土和矿物质混合堆积，在高温、多湿的条件下，经过发酵腐熟、微生物分解而制成的一种有机肥料。堆肥是一种古老的肥料，制造堆肥必须先收集适当的材料，例如稻草、茎蔓、野草、树木落叶或是禽畜粪便等，然后将其适当混合，并添加适量的氰氨化钙，促其发酵，然后覆盖上破席、破布、稻草或塑胶布，以避免肥分丧失。

延伸阅读

城市垃圾即使采用焚化、堆肥或分选回收的方法处理，也总有一部分剩余物需要采用填埋法进行最后处置，因此填埋是最基本的处置方法。填埋方法主要有卫生填埋、压缩垃圾填埋、破碎垃圾填埋。卫生填埋：是在回填场地上，先铺一层厚约60厘米的垃圾，压实后再铺上一层厚约15厘米的松土、沙或粉煤灰等的覆盖层，以避免鼠蝇滋生，并可使其产生的气体逸出，防止起火，然后依此逐层用土将垃圾分隔在夹层结构中。填至预定标高前至少留出60厘米，覆以表土，以便栽种植物。压缩垃圾填埋：将垃圾压缩后回填。这种方法的优点是可以减少火灾发生的可能性，不易滋生昆虫，垃圾分解缓慢，生物分解率几乎可以忽略不计，不会产生恶臭，其滤沥对水质污染少，沉陷量可大大减少，回填后的土地较易利用，运输垃圾较经济等。破碎垃圾填埋：先将垃圾破碎，以减小体积，提高回填后的密实度，但仍能使空气进入，以利于需氧细菌繁殖，产生二氧化碳、热和水等。

什么是健康的饮用水？

人们每天都要喝水，但什么是健康、安全的饮用水却很少有人知道。在全球"水危机"的大背景下，如何保证持续、长久的健康，安全饮用水来源也成为各国专家探讨的重要问题。

在世界水大会上，世界卫生组织提出的"健康水"的完整科学概念引起了人们的广泛关注。其概念是饮用水应该满足以下几个递进性要求：

1. 没有污染，不含致病菌、重金属和有害化学物质。
2. 含有人体所需的天然矿物质和微量元素。
3. 生命活力没有退化、呈弱碱性、活性强等。

我国的《生活饮用水卫生标准》是从保护人群身体健康和保证人类生活质量出发，对饮用水中与人群健康的各种因素（物理、化学和生物），以法律形式作的量值规定，以及为实现量值所作的有关行为规范的规定，经国家有关部门批准，以一定形式发布的法定卫生标准。新的饮用水国家标准已颁

HUANJING BAOHU XIAOBAIKE

布施行。新标准的水质检验项目由原来的35项增加至107项。生活饮用水水质标准和卫生要求必须满足三项基本要求：

1. 为防止介水传染病的发生和传播，要求生活饮用水不含病原微生物。

2. 水中所含化学物质及放射性物质不得对人体健康产生危害，要求水中的化学物质及放射性物质不引起急性和慢性中毒及潜在的远期危害（致癌、致畸、致突变作用）。

3. 水的感官性状是人们对饮用水的直观感觉，是评价水质的重要依据。生活饮用水必须确保感官良好，为人民所乐于饮用。

健康水必须是有源头的天然好水，而非以自来水为水源；生产过程要以水源地灌装，确保水质，一般都获取水质相当稳定的深层水。要符合健康水的概念，必须要从保护现有水源做起，而保护水源就必须加大对污染的治理，并在饮用水生产过程中严格管理，避免二次污染。

知识点

水分子团的特点：健康的六小分子团水具有漂亮的六角形结构，像雪花一样的晶体，雪水、水果和蔬菜的水、深井的冷水以及纯净的小溪，都有完美的六角形结构。

延伸阅读

倘若自来水受到污染，你使用后……

清晨，当你起床后，拧开自来水开关，放水洗脸，刷牙，或煮早点时，你大概不会知道，也许有一种危害正向你袭来——军团病，这种病是呼吸道传染病，是由嗜肺军团杆菌引起的，人是主要的传染源，医学工作者最初是在自来水开关和贮水槽中发现这种杆菌的。同时还发现不常用的水管和停用一夜的水龙头里有着大量的军团杆菌。鉴于目前还没有积极的防治方法，所以，清晨用水，应先把停滞的水龙头里的水放掉一些，然后再取水用，这样就比较安全了。

厨房中存在有害气体吗?

对于家庭来说,厨房是一个重要的污染源。各种燃气灶具和热水器要使用天然气或液化石油气作为热源,而这些燃气在燃烧的过程中迅速地消耗氧气、排出二氧化碳、一氧化碳、氮氧化物等有害气体。如果烧煤和木炭的话,还会产生二氧化硫、多环芳烃等更多有害气体。从这个角度来说,节约燃料也就是保护厨房中的环境,改善整个家庭的室内空气。

从烹调方法来说,熏烤的烟气和高温时的油烟是厨房中最可怕的污染,它们含有太多的有毒、致癌物质,也是厨房变得肮脏的主要原因。少做熏烤、煎炸食品,减少烹调中的油烟,不仅能保持厨房的清洁和漂亮,也做到了节能和环保。

目前,有许多有利节能的锅具,可以帮助我们大大减少燃料的使用量。例如,用焖烧锅来煮粥煲汤省火、安全又好喝;用高压锅来烹调难煮熟的杂粮和肉类又快又烂;电是清洁能源,用微波炉、电炊具烹调也可以减少燃气的使用量,而且热效率很高。

知识点

多环芳烃(polycyclic aromatic hydrocarbons,缩写 PAHs)是煤、石油、木材、烟草、有机高分子化合物等有机物不完全燃烧时产生的挥发性碳氢化合物,是重要的环境和食品污染物。迄今已发现有 200 多种 PAHs,其中有相当部分具有致癌性,如苯并 a 芘,苯并 a 蒽等。

延伸阅读

有的老年人为了省电,在做汤、蒸饭等油烟较少的时候往往不开抽油烟机,只在炒菜、油炸食物等油烟较多时才打开。其实这对健康是不利的。厨房里有害的气体除了油烟外，燃气灶排出的气体也是有害的。油烟气成分复杂，主要有醛、酮、脂肪酸、醇等共计220多种，其中多数有毒。油烟气是气体—固体—液体共同构成的气溶胶，能长期飘浮在空气中由呼吸系统进入人体。有研究证明，家庭主妇患肺癌的比例有所上升，与长期接触厨房中的有害气体直接相关。所以，除了选购品牌抽油烟机外，还要经常开门窗，通风换气。其中最主要的一点就是：只要一使用炉火，就必须打开抽油烟机。这是保证人们身体健康的重要一环。

吸烟对人体和环境有哪些危害？

众所周知，吸烟有害健康，全球有13亿吸烟者，每年直接死于吸烟引发疾病的人口高达500万人，我国有3.5亿烟民，每年相应的死亡人口约100万人。吸烟不但危害着人类的生命，同时也对环境造成了严重的影响。

烟草的烟雾中至少含有3种危险的化学物质：焦油、尼古丁和一氧化碳，焦油是由几种物质混合成的，在肺中会浓缩成一种黏性物质；尼古丁是一种会使人成瘾的药物，由肺部吸收，主要是对神经系统产生影响；一氧化碳会减低红细胞将氧输送到全身的能力。

一个每天吸15到20支香烟的人，其易患肺癌、口腔癌或喉癌致死的几率，要比不吸烟的人大14倍；其易患食道癌致死的几率比不吸烟的人大4倍；死于膀胱癌的几率要大2倍；死于心脏病的几率也要大2倍。吸烟是导致慢性支气管炎和肺气肿的主要原因，而慢性肺部疾病本身，也增加了得肺炎及心脏病的危险，并且吸烟也增加了高血压的危险。香烟对人体各器官的主要危害有如下几方面。

口腔及喉部

烟的烟雾（特别是其中所含的焦油）是致癌物质。因此，吸烟者呼吸道的任何部位（包括口腔和咽喉）都有发生癌变的可能。

皮　肤

吸烟不仅可以使面部皮肤产生皱纹和变黄，而且也可以对全身的皮肤产生同样的后果。科研人员对 82 名志愿者进行了研究，其中 41 名是吸烟者，另 41 人是非吸烟者。他们的年龄在 22～91 岁，研究人员观察和拍摄他们上肢内侧的图片来显示皮肤的好与坏。结果显示，年龄超过 65 岁的吸烟者比不吸烟者身体皮肤的皱褶明显增多。研究也证明，吸烟同样会使受到衣服保护的身体皮肤出现与面部皮肤一样的损害，由于皮肤之下的血管萎缩和对皮肤的血液供应减少，导致皮肤的受损和衰老。

心脏与动脉

尼古丁能使心跳加快，血压升高，烟草的烟雾可能是由于含一氧化碳之故，似乎能够促使动脉粥样化累积，而这种情形是造成许多心脏疾病的一个原因，大量吸烟的人，心脏病发作时，其致死的概率比不吸烟者大很多。

膀　胱

膀胱癌可能是由于吸入焦油中所含的致癌化学物质所造成的，这些化学物质被血液所吸收，然后经尿道排泄出来。

食　道

大多数吸烟者喜欢将一定量的烟雾吞下，因此消化道（特别是食道及咽部）就有患癌症的危险。

肺

肺中排列于气道上的细毛，通常会将外来物从肺组织上排除。这些绒毛会连续将肺中的微粒扫入痰或黏液中，将其排出来，烟草烟雾中的化学物质除了会致癌，还会逐渐破坏一些绒毛，使黏液分泌增加，于是肺部发生慢性疾病，容易感染支气管炎。明显地，"吸烟者咳嗽"是由于肺部清洁的机械效能受到了损害，于是痰量增加了。

香烟生产的原料——烟草，最初进入商业用途的种植是在 16 世纪初期的美洲中部，尔后从 17 世纪开始扩展到欧洲、中东、非洲和亚洲。

烟草种植和加工过程中的耗材及对环境的影响

烟草大多种在树木稀疏的半干旱地区。种植烟草会破坏土地的自然资源系统，使一块丰产的土地变为贫瘠的荒地。烟草生长成熟期比许多农作物要长，约为半年，这对土地营养消耗量很大。其所需磷肥是咖啡豆的5.8倍，玉米的7.6倍，木薯的36倍！过多地使用化肥使土壤板结。2005年我国烟草种植面积为111.6万公顷。而烟草的加工要用火烤，烘烤1公顷烟叶要消耗3公顷林地的木材，平均烘烤1千克烟叶要7.8千克木材。种植烟草对生态环境的破坏，使得日益恶化的生态环境雪上加霜。随着烟草的种植和加工，将有更多的土壤板结，会砍伐更多的树木，这将造成严重的水土流失。

卷烟制造过程中的纸消耗及对环境的污染

我国每年卷烟纸消耗约为10万吨左右，而每生产1吨纸制品要用20棵大树，这样算来我国每年生产卷烟纸需要消耗200万棵大树。同时造纸业又是高污染、高耗能的产业，每年生产10万吨卷烟纸会产生642.4万吨的污水，排放COD（主要污染物化学需氧量）0.3万吨，耗水量1000万吨，综合耗能达15万吨标煤（吨纸耗水量为100吨；综合耗能为1.5吨标煤）。

2005年我国卷烟消费量为19328亿支，因此由于吸烟进入空气的一氧化碳约为17.4万吨、二氧化碳约为26.1万吨。

吸烟后产生的烟蒂是不可降解的，将会对环境产生严重的影响。每个烟蒂的体积约为0.49立方厘米，据2005年我国卷烟消费量为19328亿支计算，将会产生94.7万立方米的不可降解烟蒂垃圾。

据统计，全世界每年发生的火灾有20%是由于吸烟引起的，在我国占6%，有些省、市占15%以上。由此可以看出，由吸烟引起的火灾占较大比例。

目前，全世界都在提倡可持续发展，而环境保护正是其中的重要一项，我们应该抵制任何危害环境的行为。由以上这些统计，我们可以了解到吸烟正在严重地危害着环境，因此我们应该严格遵守《烟草控制框架公约》，将健康控烟、健康戒烟进行到底。

·····▶ 知识点

　　2003 年 5 月，在瑞士日内瓦召开的第 56 届世界卫生大会上，世界卫生组织 192 个成员一致通过了第一个限制烟草的全球性公约——《烟草控制框架公约》，公约及其议定书对烟草及其制品的成分、包装、广告、促销、赞助、价格和税收等问题均做出了明确规定。公约的主要目标是提供一个由各缔约方在国家、区域和全球各级实施烟草控制措施的框架，以便使烟草使用和接触"二手烟"频率大幅度下降，从而保护当代和后代人免受烟草对健康、社会、环境和经济造成的破坏性影响。2003 年 11 月，中国成为该公约的第 77 个签约国。2005 年 2 月 27 日，《烟草控制框架公约》正式生效。2005 年 8 月，全国人大常委会表决批准了该公约，10 月正式向联合国递交了批准书。

延伸阅读

　　如何降低二手烟的危害？为了使大家有一个清新的生活空间，一方面，烟民要尽量少抽焦油含量高的香烟，尽量控制烟量，烟民及"二手烟民"都要加强身体保健，如同时多补充维生素 E、多进行强体锻炼等；另一方面，要注意少在公众场合抽烟，尤其是通风条件不好的室内空间，减少对自身和他人的呼吸环境的污染。在家庭或办公室、会议室等经常性的抽烟环境中最好能主动采取消除或减轻空气污染的措施，如摆放一些绿色植物如吊兰、常青藤等，或使用空气净化设备。血液里含维他命 E 高的人预防效果最佳，但专家也指出，具预防肺癌功效的维生素 E 主要来自食物和全麦面包，而并非维生素 E 补充剂。富有维生素 E 的食物包括硬果类、绿色蔬菜、豆类、谷类等。

怎样穿更绿色

ZENYANG CHUAN GENG LVSE

　　随着社会的发展，人们的生活水平日渐提高，温饱这些表层最直接的问题早已不是人们面临的问题了，提高自己的生活品质已成为人们的更高追求了，人们也越来越关注穿衣是否环保。那么怎样穿才更绿色呢？环保爱地球不只是一句口号，其实即使是穿衣也可以做到节能环保，选择一些透气的布料，或者避免干洗衣物都可以节约资源，同时也为自己省了钱。

什么服装面料更环保？

　　有机棉花在种植时不使用农药，比一般的棉花要更环保，但是贵得多，要贵一倍以上。由于棉花种植对环境的不良影响，人们开始寻找能取代它的更加环保的天然纤维，例如大麻纤维。虽然天然大麻纤维比较粗硬，以前只用来做绳子、粗布等，但是大麻纤维经过新技术的处理可以变得既柔软又牢固，能用来做布料。

　　大麻纤维的强度是棉花纤维的 4 倍，抗磨损能力是棉花纤维的 2 倍，并在抗霉变、抗污垢、抗皱等方面都有优势。与种植棉花相比，种植大麻需要的水灌溉、杀虫剂等农药都少得多，因此不仅更便宜，而且也更环保。墨尔本大学的研究表明，如果用大麻取代棉花生产布料、油和纸张，其"生态足迹"（对生态的影响）能减少 50%。类似地，用竹纤维和亚麻做的布料也因为节省水和少用农药，比棉布要环保得多。

有的人造纤维也比较环保。人造丝是用木浆生产的，使用的是可再生的树木，和棉花相比，树木的种植需要的水灌溉和农药都较少。用玉米淀粉生产的聚乳酸纤维，和用石油生产的化纤相比，能减少化石燃料20%～50%的使用。聚乳酸纤维的折射率较低，因此不需要用大量的染料也能获得深色。

知识点

大麻是世界最早栽培利用的纤维之一，中国大麻有早熟、晚熟两类，早熟种纤维的品质优良，如线麻属于这一种，晚熟种纤维粗硬，如奎麻和杭州大麻属于这一种。大麻产于亚洲，古代中国、中亚细亚、喜马拉雅山和西伯利亚均被利用生产。在公元前1500年左右传入欧洲，中国在公元前1800年已用于织布，目前主要产地是中国、印度和俄罗斯，其次是土耳其、匈牙利、罗马尼亚、波兰等。

延伸阅读

环保面料的定义很广泛，是由于面料定义的广泛性所致。一般环保面料可认为是低碳节能、自然无有害物质、环保可循环利用的面料。环保面料大体上可分为两类：生活性环保面料和工业性环保面料。生活性环保面料一般由有机棉、彩色棉、竹纤维、大豆蛋白纤维、麻纤维、莫代尔（Modal）、有机羊毛、原木天丝等多种面料构成。工业性环保面料由PVC、polyester fibre、glass fiber等无机非金属材料和金属材料构成，在实际运用中达到环保节能、循环使用的效果。

如何选择绿色服装？

2002年，欧盟公布禁止使用22种偶氮染料指令；2004年1月1日起，国家质检总局对纺织品中甲醛含量进行严格限定；2005年1月1日起，国家对服装的甲醛含量、偶氮染料等五项健康指标强制设限。"穿着健康"日益受到人们的关注，绿色、环保成为各类服装的卖点。

服装销售商纷纷称自己的商品环保，市售标称绿色环保的服装还真不少。有"信心纺织品"标志，同时标有"通过对有害物质检验"等字样；还有"I型环境标志"、"符合国家纺织产品安全规范"标志、十环相扣的"中国环境标志"、中国纤维检验局"生态纤维制品标志"、中国纤维检验局"天然纤维产品标志"、某民间组织"生态纺织品标志"等。除中国纤维检验局的"生态纤维制品标志"外，其余几个标志的发证单位要么是民间组织，要么是私营公司，而且它们无一不标榜自己是"唯一"、"权威"。那么到底该如何选择真正的绿色服装呢？

"绿色服装"有乾坤

目前，市售服装挂绿色、环保标签的情况比较混乱，主要存在四个方面的问题：一是挂有绿色、环保标签的产品 pH、甲醛、致癌染料等安全指标达不到安全性要求；二是发证单位根本未对产品进行过检验，只要企业给钱就给发证；三是管理不规范，企业使用标签的过程缺少监督，标签随便印；四是发证单位多是一些民间组织以及一些私营企业，一旦发证产品出现重大质量问题或发证单位解散、倒闭，消费者维权无门。

所谓生态、绿色、环保服装，应当是经过毒害物质检测，具有相应标志的服装。此类服装必须具备以下条件：从原料到成品的整个生产加工链中，不存在对人类和动植物产生危害的污染；服装不能含有对人体产生危害的物质或不超过一定的极限；服装不能含有对人体健康有害的中间体物质；洗涤服装不得对环境造成污染等。另外，它还应该经过权威检测、认证并加饰有相应的标志。

"生态标签"最权威

目前的服装环保标志中，以"生态纤维制品标志""天然纤维产品标志"两个影响力最大、最权威。两个标志均为在国家工商总局商标局注册的证明商标，受到《商标法》和有关法规双重保护。两个标志的发证单位中国纤维检验局是全国最高纤维检验管理机构，直属国家质量监督检验检疫总局领导。

其所属的国家纤维质量监督检验中心具有国内一流及国际领先的检测设备及技术水平。

两种标志的使用范围、品牌品种、使用期限、数量都有严格的规定，申领这两种标志必须经过严格的审批。产品质量须经严格的现场审核和抽样检验，检验项目除包括甲醛、可萃取重金属、杀虫剂、含氯酚、有机氯载体、PVC 增塑剂、有机锡化合物、有害染料、抗菌整理、阻燃整理、色牢度、挥发性物质释放、气味这 13 类安全性指标外，还要求产品的其他性能，如缩水率、起毛起球、强力等必须符合国家相关产品标准要求，而且企业使用两种标志情况由中国纤维检验局及其设在各地的检验所实行监控。中国纤维检验局每年定期召开多次全国生态纤维制品管理监控质量工作会议，根据监控中发现的问题，及时总结、改善、提高管理监控质量。

生态纤维制品标签证明商标是以经纬纱线编织成树状图形，意为"常青树"，生态纤维制品是绿色产品，拥有绿色就拥有一切。如果产品拥有生态纤维制品标签，消费者就可以在纸吊牌、粘贴标志、缝入商标处看到这种树状图形。天然纤维产品标志证明商标由 N、P 两个字母构成图形，N 为英文 natural 的第一个字母，意为"天然"；P 为 pure 的第一个字母，意为"纯"。天然纤维产品标志证明商标证明其产品的原料是天然的，质量是纯正的。

生态纤维制品标志

人们平时所说的"绿色服装"或"生态服装"，是从健康的角度出发而论，指那些用对环境损害较小或无害的原料和工艺生产的、对人体健康无害的服装。纺织品生产过程需要用到多种染料、助剂和整理剂，棉花生长过程中使用的杀虫剂有一部分会被纤维吸收，这些物质如果在成品服装中残留过量，会危害人体健康。许多国家和行业机构制定了生态纺织品技术标准，对纺织品的有害物质残留（例如甲醛、重金属、杀虫剂）、pH、挥发性物质含量等进行了规定，并要求不得使用有害染料、整理剂和阻燃剂等。其中最权威的是国际环保纺织协会的 Oeko-Tex Standard 100 标准，通过相关认证的产品可以悬挂 Oeko-Tex 标签，寻找该标签是选购绿色服装的最佳参照之一。

···▶▶ 知识点

国际环保纺织协会（Oeko-Tex Associationa）由德国海恩斯坦研究院和奥地利纺织研究院创立，现由各国知名的纺织检定机构以及他们的代表处组成，分布在世界各地：奥地利、比利时、中国、丹麦、法国、德国、匈牙利、意大利、日本、韩国、波兰、葡萄牙、斯洛文尼亚、南非、西班牙、瑞典、瑞士、土耳其、英国和美国。1992 年 4 月，该协会制订了纺织品 Oeko-Tex Standard 100 测试标准。

延伸阅读

耐用的服装比容易损坏的服装更绿色，最绿色的服装是已经挂在你衣橱里的那些——从资源消耗的角度来说是这样的，大家少买新衣服，就可以减少生产衣服所耗费的物资和能源。当然，这不太符合经济规律，一味限制人们对时尚的追求也是不现实的。服装对环境的影响主要不在于生产和销售流程，而是使用过程中的清洗。洗衣服要消耗大量的水和电，洗涤剂和干洗溶剂还会造成环境污染。为了在这方面做到"绿色"，重要的是注意爱护衣物，尽量避免弄脏，以减少洗涤次数。

衣服中存在有害物质吗？

为了满足人们对服装的更高要求，服装制造商在服装加工制作过程中，往往会使用一些对人体有害的化学添加剂。如为防止缩水，采用甲醛树脂处理；为使衣服增白而使用荧光增白剂；为使衣服笔挺而做了上浆处理等。这些化学物质多多少少对皮肤都有些损害，其中对人体健康损害最大的就是印染服装所使用的染料。

不少人喜欢购买出口转内销的服装，认为这些服装用料讲究、做工精细，但是出口转内销服装并不代表没有缺陷。你是否知道，很多色彩绚丽、款式新颖的服装被打回的原因是使用了偶氮染料。据专家介绍，出口西欧等地的服装必须接受禁用染料的检测，凡是服装偶氮染料含量超标的，就会被认为对人体有害，将不允许进入其市场。这种染料在人的身体上驻留的时间很长，就像一张张贴在人皮肤上的膏药，通过汗液和体温的作用而引起病变。医学实验表明，这种作用甚至比通过饮食引起的作用还快。而在我国行销的服装却不需要接受类似的检测。有关专家已经在呼吁有关部门尽早建立起相关的法规，保护消费者的利益。另外，这些染料里的重金属成分更会对自然界造成污染，尤其是对空气和水质的影响非常大。

服装中除了染料可能含有有毒物质外，有些运动服会使用一种叫作磷酸三丁酯的有毒物质。这是一种重金属化合物，用于生产防止海洋生物附着船体的油漆，因为这种物质可杀灭细菌并消除汗臭味，从而成为运动衣的一种理想的添加剂。但是，这种物质如果在人体中含量过高，就会引起神经系统疾病，破坏人体的免疫系统，并危害肝脏。

虽然就每件衣服而言，这些有害物质对人体健康的损害程度是很微小的，但是天天接触，时间久了造成的影响就不能不令人担忧了。所以，我们建议消费者，在享受高科技带来的成果的同时，也要注意它的副作用。日常着装最好是选择天然纤维织成的布料，并且是采用天然染料染色的，不要穿会褪色的衣服，尽量选择浅色衣服。

新买回来的衣物，无论内、外衣都应该先洗了再穿！虽然现在服装厂对衣物的后整理已经比较成熟了，比如对面料的预缩（缩水处理）以及对一些在染色过程中的甲醛等有害化学物质的处理……但无数工人的作业污染以及别人的试穿，都不可避免地会带来污染。新买的衣服应该在遵照洗标的说明下，一般都要用清水泡一下，用手轻轻揉搓就可以了。如果有需要的话，用的洗涤剂必须要柔和，以免还没穿，新衣服就被洗掉色了。

还有很重要的一点，除了内衣类需要定期在阳光下曝晒消毒之外，一般的衣物都还是翻过来阴干为好，这样衣服的颜色才不会有太大的变化。

知识点

偶氮染料（azo dyes，偶氮基两端连接芳基的一类有机化合物）是纺织品服装在印染工艺中应用最广泛的一类合成染料，用于多种天然和合成纤维的染色和印花，也用于油漆、塑料、橡胶等的着色。在特殊条件下，它能分解产生 20 多种致癌芳香胺，经过活化作用改变人体的 DNA 结构引起病变和诱发癌症。

延伸阅读

服装纺织品中的有害物质归纳起来还有以下几种：

1. 甲醛对人体（或生物）细胞的原生质有害，它可与人体的蛋白质结合，改变蛋白质内部结构并凝固，从而具有杀生力，一般利用甲醛这一特性来杀菌防腐。甲醛对皮肤黏膜有强烈的刺激作用，如手指接触后皮肤变皱、汗液分泌减少、手指甲软化、变脆；长期接触可引起头痛、软弱无力、感觉障碍等。

2. 五氯苯酚具有相当的生物毒性，会造成动物畸形和致癌，而且往往残留在纺织品之中的五氯苯酚（PCP）的自然降解过程缓慢，穿着时会通过皮肤在人体内产生生物积累而危害人体健康。

3. 农药和五氯苯酚一样具有相当的生物毒性，而且其自然降解过程十分缓慢，通过皮肤在人体内积累而危害健康。

4. 染色牢度。染料必须有一定的牢度，否则在穿着过程中染料脱落，转移到皮肤上伤害人体。

5. 当纺织品中酸碱度超标时，对人体皮肤会产生刺激。

含磷洗衣粉的危害有多大？

水体中的磷作为营养性物质，含量较高时会形成富营养化，造成水生藻类和浮藻生物爆发性繁殖，耗尽水中氧气，使水生动植物死亡，大量的藻类也因缺氧死亡腐烂，使水体彻底丧失使用功能。由于营养物质积聚而造成的水体富营养化，引起浮游生物大量繁殖疯长，形成赤潮。赤潮的危害是使水中溶解氧减少，水质恶化，鱼群、虾、蟹、贝类等水产品不能正常生存，严重破坏水产资源，致使沿海地区几乎年年发生大面积赤潮，造成很大的经济损失。

含磷洗涤剂不仅严重污染环境，而且直接影响人体健康。由于含磷洗衣粉对皮肤的直接刺激，家庭主妇在洗衣服时，手和手臂会产生灼烧疼痛的感觉。而洗后晾干的衣服又让人瘙痒不止。由于含磷洗衣粉的直接、间接刺激，手掌灼烧、疼痛、脱皮、

赤 潮

起泡、发痒、裂口成为皮肤科的多发病，并经久不愈。而合成洗涤剂也已成为接触性皮炎、婴儿尿布疹、掌跖角皮症等常见病的刺激源，有的还可发展成皮肤癌。

医学研究表明，长期使用高含磷、含铝洗衣粉，洗衣粉当中的磷会直接影响人体对钙的吸收，导致人体缺钙或诱发小儿软骨病；用高含磷洗衣粉洗衣服，皮肤常会有一种烧灼的感觉，就是因为高磷洗衣粉改变了水中的酸碱环境，使其变得更富碱性。如果不能将所洗衣物残留的磷冲净（实际上这很难做到，因为至少须用流水冲洗衣物 5 分钟才能减少磷的含量），日积月累，衣服当中的残留磷就会对皮肤有刺激影响，尤其是婴儿娇嫩的皮肤；另外，碱性强的含磷洗衣粉也容易损伤织物，尤其是纯棉、纯手工类，长期使用这些以强碱性达到去污目的的洗衣粉，衣物也会被烧伤。

那么铝呢？研究表明，洗涤剂中的铝盐会使生物产生慢性中毒，严重时会致使生物死亡，铝在生物体内具有蓄积性，铝盐一旦进入人体内，首先沉积在大脑，并且不会被损耗掉，随着铝的积累，会诱发老年性痴呆症；铝同时会在肾脏等组织中积累，诱发肾衰竭症；铝盐进入骨髓中，能导致骨髓组

织软骨化，造成儿童软骨病；一旦进入血液内，会发生缺铁性贫血；此外，人体内铝过多地蓄积，还会引起肝功能衰竭，卵巢萎缩及关节炎和支气管炎等症。当然，量变才会引起质变，长期使用含铝洗涤剂，尤其是婴幼儿织物及贴身内衣，就易造成铝盐在人体内的积累。许多人亦从用铝锅改为用铁锅就是这样一个道理。

无磷洗衣粉一般以天然动植物油脂为活性物，并复配多种高效表面活性剂和弱碱性助洗剂，可保持高效去污无污染，对人体无危害。

知识点

赤潮被喻为"红色幽灵"，国际上也称其为"有害藻华"，赤潮又称红潮，是在特定的环境条件下，海水中某些浮游植物、原生动物或细菌爆发性增殖或高度聚集而引起水体变色的一种有害生态现象。赤潮是一个历史沿用名，它并不一定都是红色。根据引发赤潮的生物种类和数量的不同，海水有时也呈现黄、绿、褐等不同颜色。

延伸阅读

有磷洗衣粉是指以磷酸盐为主要助剂的一类产品。磷酸盐不仅软化水质的功能很强，而且还具有碱性缓冲、悬浮污渍等多种优异性能。无磷洗衣粉则是不添加三聚磷酸钠，以一定的配方技术和其他原材料来替代磷酸盐的这些功能。目前普遍采用的替代技术是4A沸石与适当的高分子化合物复配。

无磷洗衣粉、有磷洗衣粉对人体均无害。有磷洗衣粉中的磷酸盐被广泛应用于各行业中，磷也是各种生物体（包括人类）生长发育必须的营养物质，正常人每天需要从食品中摄入一定量的磷，通过新陈代谢又有等量的磷被排出体外。无磷洗衣粉代替有磷洗衣粉主要是考虑到环境保护问题，因为大量氮、磷等物质排放到水中，导致藻类过量生长，即水体富营养化。

防止衣物发霉有哪些好方法？

除湿剂防潮法：在长期处于潮湿的日子里，最受损的恐怕就是家中的衣物了，为了防止衣物发霉，最有效的办法是使用除湿剂。

1. 吸湿盒：衣柜除湿必备，市面上比较常见的吸湿用品，一般由氯化钙颗粒作为主要内容物，大部分还添加了香精成分，所以集除湿、芳香、抗霉、除臭等功能于一体。吸湿盒多用于衣柜、鞋柜的吸湿，使用时只须放入柜子里面即可。

2. 吸湿包：密闭空间效果最佳，吸湿包的原理与吸湿盒相似，但内容物以吸水树脂为主，吸收了水分后就变成果冻状，不易散成碎末。使用范围也更广泛，除衣物外，皮具、邮票、相机、钢琴、电脑、影音器材等都可以找它帮忙除湿。如果放置在密闭的空间里，吸湿效果更佳。

另外，使用石灰来除湿也是个不错的选择，当然，这里不是用石灰来防止衣物发霉，而是要把石灰用布或麻袋包起来，放在房间的角落，以保持室内空气的干燥。

看准时机通风法：在阴雨天，由于空气的湿度异常高，所以我们要以门窗紧闭尽量减少家中与外界的接触，从而减少水汽进入室内。等到天气晴好时，就可打开所有的门窗，促使水分迅速蒸发。开窗时应避免在中午时分，此时的空气湿度处在最高值；下午或傍晚空气湿度相对小些，可以适当地开窗通风调节空气湿度。

抽湿法：不知您留意了没有，绝大多数的空调都有一个抽湿的功能，在潮湿的季节，您也可以打开空调抽湿来使室内的湿度降低，其效果还是可以的。

室内升温法：在返潮的室内烧上一盆木炭火放上火炉，或者打开电暖气来提高室内的温度，可以阻止水汽凝结，从而达到减轻室内湿度的目的。

知识点

吸水树脂（super absorbent polymer，SAP）是一种新型功能高分子材料，它具有吸收比自身重几百到几千倍水的高吸水功能，并且保水性能优良，一旦吸水膨胀成为水凝胶时，即使加压也很难把水分离出来。

延伸阅读

夏天，家中潮气较重，衣物容易发霉。为了防止衣服发霉，可在衣橱底部铺上报纸，并在橱门内侧也贴上报纸。报纸能吸收湿气，达到防霉的效果；报纸上的油墨味也能驱虫。不过，需要留意的是，别把衣物直接放在报纸上，以免弄脏衣物。也可在衣柜、箱子里散放一些小块香皂或用纱布袋裹好的干茶叶，不仅能去除霉味，还能让衣物散发阵阵清香。

怎样更好地存放衣物？

针织衫

折叠整齐放在一起即可，千万不可以乱七八糟随便揉成一团扔在一起。针织衫是很娇气的衣服，乱叠乱扔或者过分挤压都会对衣服产生毁灭性的打击。

褶皱类衣服

这类衣服不能像其他衣服一样折得太平整以免褶皱消失，而让整件衣服的味道大打折扣，把衣服轻轻拧两圈，打个结就行了。

T恤

T恤衫式样都一样，只是花纹不同，因此可以把图案折向外面，这样找衣服可节省时间。有些 T 恤的图案是贴花，容易脱落，夏天温度高时还容易融化、黏附在一起，因此可以用白色的纸把图案部位跟其他地方隔开。

西装

大衣、西裤、丝绸等需要保持挺括或者容易皱的衣物（不仅是衣服，也包括围巾等小物件）是一定要挂起来的，折叠放置的做法绝对错误！这样的衣服一般需要干洗，取回的时候干洗店会在衣服上罩上一个袋子，大家不妨不要取下袋子，连同它一起挂进衣柜里，可以防尘。

羊毛毛衣

羊毛毛衣极易变形，如果挂起来会越挂越长，所以悬挂是绝对不可以的，折起来平铺就可以。为了防止灰尘，浅色毛衣最好用透明的袋子装好，袋子里放一两小盒印度香驱虫，深色毛衣则不用。

裙子

易皱的裙子应该挂起来，不易皱的棉裙则可以卷成圆筒状放置，这样可防止折痕并保持挺括。为了节省衣柜空间，裙子不用单独占一个衣架，而是可以和西服等挂在一起。

如果衣物上有霉味和霉斑了，我们该如何去除呢？

去除衣物霉味。闻到衣柜里的衣服发出霉味时，您可以在洗衣盆的清水中加入两勺白醋和半袋牛奶，把衣服放在这特别调配的洗衣水中浸泡 10 分钟，让醋和牛奶吸附衣服上的霉味，然后上冲冲，下洗洗，左搓搓，右揉揉，最后用清水投洗干净，霉味就没有了。如果您要急着出门，来不及用这个方法去除霉味，还可以再试试用吹风机去霉味的办法：把衣服挂起来，将吹风机定在冷风挡，对着衣服吹 10 ~ 15 分钟，让大风带走衣服的霉味，然后您就可以放心地穿上它出门了。

擦去衣服霉斑。比霉味更可怕的就是霉斑！好好的一件白衬衫一夜之间变成了斑点装，穿上它出门肯定被人笑死了。别烦恼，其实除霉的方法很简单。把发霉的衣服放进淘米水中浸泡一夜，让剩余的蛋白质吸附真菌。第二天，淘米水的颜色变深了，霉斑已经清除了不少。对于霉斑依然较顽固的地方，可涂些5%的酒精溶液，或者用热肥皂水反复擦洗几遍，然后只要按常规搓洗，霉斑就可以完全除去了。

知识点

印度香，在印地语以及其他印度语言中称为 agarbattī，印度有着制作香的丰富传统，这种传统可以追溯到5000年前。许多印度香有着独特的香型，而在全球其他国家找不到同种味道。统一制作香的体系最先开始于印度，现代制作香的体系有可能是由当时的医药牧师制订的，因此现代的制作香与其发源的印度草药体系有着内在的联系。

延伸阅读

洗涤羽绒服一忌碱性物，二忌用洗衣机搅动或用手揉搓，三忌拧绞，四忌明火烘烤。如果羽绒服太脏，只有采用整体的水洗法。先将羽绒服用冷水浸泡20分钟，将2汤匙左右的洗衣粉倒入水温为20℃～30℃的清水中搅拌均匀，然后放入从清水中捞出并挤去水分的羽绒服，浸泡5～10分钟，将羽绒服从洗涤液中取出，平铺在干净台板上，用软毛刷蘸洗涤液从里至外轻轻刷洗，刷洗干净后，将衣服放在洗涤液中拎涮几下，然后在30℃的温水中漂洗2次后，再放入清水中漂洗3次，以彻底除去洗涤剂残液。将漂洗干净的羽绒服用干浴巾包卷后轻轻吸出水分，然后放在阳光下或通风处晾干。干透后，用小棍轻轻拍打衣面，使羽绒服恢复原有的蓬松柔软。

怎样穿衣更环保？

提到"穿衣有道"，可能很多人会认为是探讨如何把衣服穿得漂亮、时尚，其实，仅从我们所穿的衣物来看，与环保这一全球人类的共同主题也有着紧密联系。据科技部统计显示，全国每年有2500万人每人少买一件不必要的衣服，可节能约6.25万吨标准煤，减排二氧化碳16万吨。

快餐式服装的环境压力

在追逐时尚、推崇方便的当代社会，越来越多的人偏爱售价低廉、频繁淘汰的"快餐式服装"，由此带来的环境问题不容忽视。近日一份报告指出，"快餐式服装"受宠使人类付出了巨大的环境代价，这应归咎于消费习惯、认识误区和经营模式等多方面原因。

除了那些国际大名牌和名贵的皮草外，其实我们所穿的衣服是越来越便宜了。许多利用合成材料制作的衣服，成本和价格都要比实际看上去的样子低得很多。于是，很多人在购买衣服的时候认为便宜，常有一种"穿一阵，扔掉也不会可惜"的心理。他们所购买的廉价服装就被称为"快餐式服装"。这些服装淘汰起来似乎不那么令人"心疼"，方便买家紧跟新款，尤其博得追逐潮流的青少年青睐。

据报道，全球消费者每年在服装和纺织品上的开销超过1万亿美元。在许多地方，一件衣服穿几代人的事情已经成为历史，廉价的"快餐式服装"成为穿衣主流。受其影响，英国女性服装销量仅2001年到2005年间就增加了21%，开销达到240亿英镑（470亿美元）。尽管许多人已经对瓶瓶罐罐和纸张的循环使用习以为常，但对旧衣服却通常一扔了之。据统计，英国人每年人均丢弃的衣服和其他纺织品重量为30千克，只有1/8的旧衣服被送到慈善机构重复使用。

穿有道德的服装

是否是自己必须？是否皮草伤害小动物？是否用有机材料制成？是否可以循环利用、再生？当你购买衣物时如果是把自己的思考分给环境保护一部分，可能你会做出一些不一样的选择。

有机棉：棉花在生产过程中以有机肥、生物防治病虫害、自然耕作管理为主，不许使用化学制品，从种子直到长成的棉花都是在无污染的环境下完成的。

玉米纤维：从玉米中提炼出化工醇，然后再利用化工醇生产出聚酯切片，抽丝成聚酯纤维，纺丝织成布料做成服装。"玉米服装"最大的特点是绿色环保，不易变形，不产生静电，对皮肤无刺激。

竹纤维：竹纤维的手感，一般人以为会像粗麻布，但实际上它的手感像柔软的棉，甚至比棉更软一些。而且竹纤维是天然抗菌的一种材质，适合长期户外活动的人群。

纳米服装：经纳米技术处理的服装能够防止和降解污物，甚至清除有害气体。基于上述功能，自动清洁服装可减少洗涤次数，因而更符合环保原则。

商标未摘的"过时"衣服

服装方面的过度消费，以及给环境带来的压力，已经是个世界问题。在香港，香港"地球之友"推动"旧衣回收"活动多年，却发现在回收的旧衣中，平均有5%～10%的旧衣，上面还挂着价钱或牌子名称的"吊牌"，它意味着这些衣服从未穿过就被丢弃。该会以香港在2003年共回收近2290万件旧衣物来推算，其中可能多达115～229万件是新衣服。

在英国有人发起了"戒买"行动，倡导购买成衣上瘾的人们停止购买任何衣物一年。认真打理现有的衣物，做到"衣尽其用"。操作的一年当中，绝大多数人不但省掉了一笔不菲的花费，而且也一样能从已有的服装中找到美感和自信。

据了解，服装界的环保材料也正在走进市场。因为有如此的"绿色"功效，纳米衣服的售价比一般产品贵30%，有机棉质服装的售价比传统棉质产品高50%左右。以玉米为原料生产服饰需要买进特殊的加工机械，用于印染、烘干和装饰图案等方面，同样也不便宜。但你是否可以考虑，省掉几件衣服的价格，买一件环保时尚且有道德感的衣物，作为下一件新衣？

与这些新技术领域的环保努力相比，还有人提出一些更加实际可行的穿衣环保。有人提议，为满足人们一时穿衣之需，可以采用服装租赁的做法，服装就像图书馆中的书一样在不同人之间循环使用。零售商大力开展服装租赁业务，比如婚礼商店可出租晚礼服，或从顾客那里回收旧服装，甚至可以新旧衣物合理置换的方式，来有效处理废旧衣物。另外，还有人建议人们不用熨斗，采用晾干的办法，以节省大量能源。

知识点

竹纤维就是从自然生长的竹子中提取出的一种纤维素纤维，是继棉、麻、毛、丝之后的第五大天然纤维。竹纤维具有良好的透气性、瞬间吸水性、较强的耐磨性和良好的染色性等特性，同时又具有天然抗菌、抑菌、除螨、防臭和抗紫外线功能。

延伸阅读

应用了纳米技术的服装具有特殊的功效。抗风：用纳米技术制成的服装具有很强的抗风效果，自然也就具有很好的保暖蓄热性能，即使八级大风也很难穿透材料侵害到身体。保暖：致密的纳米保护层能够有效地防止体表热量的散失，起到保暖作用，特别是在冬季，既能阻止外界的严寒又能防止体温流失。防湿：其防护层尤其严密足以阻隔水分的渗透，使纳米制品具有很强的防水防湿性能，即使下雨下雪，或者在阴冷潮湿的环境中也能使身体干燥舒爽。防尘：纳米衣服很容易清洗，因为它很难沾染灰尘等微粒尘埃，即使有灰尘污渍也很难深入渗透到面料的纤维中，所以很多纳米服装不用洗涤剂就能清洗干净。

怎样住更健康
ZENYANG ZHU GENG JIANKANG

记得笑星赵本山在谈小品时说过一句很有意味的话，大意是好的小品不仅要让人笑，还要笑得健康、笑得安全。特别是对后者的追求，有时几乎令他殚精竭虑。借用他的话中之义，室内空气质量的现实情况，或许我们可以这样说，给家人一个环境，不仅要住得好，还要住得健康、住得安全。为了后者，我们要殚精竭虑地追求，最起码在现阶段必须如此，直到一个绿色家居市场真正地建立起来。因为，家人的健康才是幸福的源泉。

夏季的室内污染会更严重吗？

室内环境调查证明，与其他季节相比，夏季室内空气污染指标会高出20%左右。造成这种情况首先是由于高温改变了人们的生活习惯。在高温季节，人们普遍会减少室外活动，由于空调设备的普遍使用，室内的空气往往成为一个密闭系统。缺乏通风换气的环境，使得室内空气污染物明显增加。

房子的装修材料中含有甲醛等刺激性化学物质。甲醛是一种无色、有强烈刺激性气味的气体，易溶于水、醇和醚。甲醛在常温下是气态，通常以水溶液形式出现。新装修的房子之所以有甲醛，是因为甲醛价格低廉、用途广，家具的黏合剂、涂料、橡胶中都有广泛的应用。甲醛对健康的危害有以下几个方面：

1. 刺激作用：甲醛的主要危害表现为对皮肤黏膜的刺激作用，甲醛是原浆毒物质，能与蛋白质结合，高浓度吸入时出现呼吸道严重的刺激和水肿、眼刺激、头痛等。

2. 致敏作用：皮肤直接接触甲醛可引起过敏性皮炎、色斑、坏死，吸入高浓度甲醛时可诱发支气管哮喘。

3. 致突变作用：高浓度甲醛还是一种基因毒性物质。实验动物在实验室高浓度吸入的情况下，可引起鼻咽肿瘤。

夏季受热度和湿度的影响，室内有毒有害气体释放量便会增加。日本室内环境专家研究证明，室内温度在30℃时，室内有毒有害气体释放量最高。甲醛的沸点是19℃，随着夏天的到来，甲醛的挥发量会明显升高。这就是为什么很多冬天装修的房子，刚装修好时甲醛检测没有超标，而到了夏天入住时反而超标的原因。另外，夏季室内化学物品、塑料制品、卫生间和厨房产生的气味污染也比较突出，这些气味不一定都是有害的，但人们长时间待在有异味的环境中，会感到难受，有可能引发呕吐、头疼等问题，甚至诱发各种慢性病。

医学研究表明，气温高的时候，人体的血管扩张，血液的黏稠度增加，人体本身的抵抗能力会下降，再加上室内空气中各种化学性污染物质的侵害，更容易对人体造成伤害，患有心血管病的人容易加剧病情。可以说，在高温的"蒸烤"下，夏季室内空气污染更加严重，而人们的生活习惯和对室内污染的认识误区，更可能加重这种污染的后果。

空调——牺牲健康换舒适。夏天，人们普遍喜欢待在空调房里躲避酷暑。然而，空调在给我们带来舒适的同时，也可能让我们付出健康的代价。中国疾病预防控制中心研究员戴自祝指出，在室内空气的污染源中，来自空调系统的就占了42%以上。

家用空调的卫生情况令人担忧。据国家统计局公布的2006年统计数据显示，我国已成为世界上空调用户最多的国家，全国每百户家庭空调拥有量已达到87.8台。分体式空调过滤网与散热片的细菌与真菌污染明显高于中央空调，家用空调散热片上的菌落数，最高超过国家制定的中央空调标准的10000倍。上海十几家医院皮肤科一项临床调查发现，因家用空调污染引起皮肤过敏、呼吸道疾病的患者，竟占总数的五成左右。

前不久，在检查北京一座高层写字楼中央空调时，从风管内清理出了2吨多的污染物。由于空调运行时温度和湿度适中，中央空调末端的风机盘管和风管成为细菌滋生的温床。随着中央空调的运行，这些主要由冠状病毒、支原体、衣原体、嗜肺军团菌等组成的菌团，便会被散布到整座建筑物内。值得注意的是，这些细菌都是人类健康的杀手。其中嗜肺军团菌的病死率在5%～30%左右，目前还没有预防军团菌感染的疫苗。

与中央空调和家用空调相比，汽车空调的卫生情况更容易被忽视。许多私家车车主和出租汽车司机没有清洗过汽车空调，有人甚至不知道汽车空调需要清洗。而事实上，汽车空间狭小，密闭性能非常好，又经常在路上跑，更容易遭受污染。

针对夏季高温导致室内空气污染加重现象，除了根据不同的污染源有针对性地采取不同治理措施外，专家还建议采取一个简单而有效的方式，那就是加强室内通风。缓解室内污染的重要手段就是通风，这种手段虽简单却很有效。中国室内环境监测委员会主任宋广生说："通风换气是最经济也是最有效的方法，一方面它有利于室内污染物的排放，另一方面可以使装修材料中的有毒气体尽早释放出来。"

值得注意的是，开窗通风并不是整天门窗洞开。在工业比较集中的城市，昼夜有两个污染高峰和两个相对清洁的污染低谷。两个污染高峰一般在日出前后和傍晚，两个相对清洁时段是上午10时和下午3时前后。另外，不同的天气，空气质量也会不同，雨雪天污染物得到清洗，潮湿天气污染物易扩散，在这两种天气情况下，空气质量较高。研究表明，在无风、室内外温度差为20℃的情况下，大约十几分钟就可达到空气交换一遍。若室内外温差小，交换时间相应要延长。因此，每天开窗通风的时间和次数，应根据住房大小、人口多少、起居习惯、室内污染程度以及天气情况进行合理安排。

▶▶▶ 知识点

> 室内空气污染是指有害的化学性因子、物理性因子和（或）生物性因子进入室内空气中并已达到对人体身心健康产生直接或间接，近期或远期，或者潜在有害影响的程度的生活环境。

延伸阅读

使用空调，最重要的是保持必要的通风，在一整天的使用过程中，关机几次，开窗通风，注意保持室内氧气的浓度。空调在启用前一定要清洗，主要是过滤网的清洗。空调的清洗重在保持长期，清洗一次不能解决问题。普通家庭保持每个月清洗一次即可。天凉停止使用时，空调也要清洗干净。停用时要采取送风的方式使室内机保持干燥状态。安装时出水管道要通畅，以免积水，滋生细菌。使用空调的温度不宜过低，一般以24℃～26℃为宜，温度过低也易引发呼吸道以及其他的疾病。

室内空气污染的危害及来源是什么？

室内环境污染背景

当今，人类面临"煤烟污染""光化学烟雾污染"之后，又面临着以"室内空气污染"为主的第三次环境污染。

美国专家检测发现，在室内空气中存在500多种挥发性有机物，其中致癌物质就有20多种，致病病毒200多种。危害较大的主要有氡、甲醛、苯、氨以及酯、三氯乙烯等。大量触目惊心的事实证实，室内空气污染已成为危害人类健康的"隐形杀手"，也成为全世界各国共同关注的问题。研究表明，室内空气的污染程度要比室外空气严重2～5倍，在特殊情况下可达到100倍。因此，美国已将室内空气污染归为危害人类健康的五大环境因素之一。世界卫生组织也将室内空气污染与高血压、胆固醇过高症以及肥胖症等共同列为人类健康的十大威胁。据统计，全球近一半的人处于室内空气污染中，室内环境污染已经引起35.7%的呼吸道疾病，22%的慢性肺病和15%的气管炎、支气管炎和肺癌。

我国室内环境污染的现状

近几年，我国相继制定了一系列有关室内环境的标准，从建筑装饰材料的使用，到室内空气中污染物含量的限制，全方位对室内环境进行严格的监控，以确保人民群众的身体健康。因此，人们往往认为现代化的居住条件在不断地改善，室内环境污染已经得到控制。其实不然，人们对室内环境污染的危害还远未达到足够的认识。

应当看到，在我国经济迅速发展的同时，由于建筑、装饰装修、家具造成的室内环境污染，已成为影响人们健康的一大杀手。据中国室内环境监测中心提供的数据，我国每年由室内空气污染引起的超额死亡数可达 11.1 万人，超额门诊数可达 22 万人次，超额急诊数可达 430 万人次。严重的室内环境污染不仅给人们健康造成损失，而且造成了巨大的经济损失，仅 1995 年我国因室内环境污染危害健康所导致的经济损失就高达 670 亿元。

专家调查后发现，居室装饰使用含有有害物质的材料会加剧室内的污染程度，这些污染对儿童和妇女的影响更大。有关统计显示，目前我国每年因上呼吸道感染而致死亡的儿童约有 210 万，其中 100 多万儿童的死因直接或间接与室内空气污染有关，特别是一些新建和新装修的幼儿园和家庭室内环境污染十分严重。北京、广州、深圳、哈尔滨等大城市近几年白血病患儿都有增加趋势，而住在过度装修过的房间里是其中的重要原因之一。

一份由北京儿童医院进行的调查显示，在该院接诊的白血病患儿中有九成患儿家庭在半年内曾经装修过。专家据此推测，室内装修材料中的有害物质可能是小儿白血病的一个重要诱因。

室内空气污染物的主要来源

从目前检测分析，室内空气污染物的主要来源有以下几个方面：建筑及室内装饰材料、室外污染物、燃烧产物和人本身活动。其中室内装饰材料及家具的污染是目前造成室内空气污染的主要方面。国家卫生、建设和环保部门曾经进行过一次室内装饰材料抽查，结果发现具有毒气污染的材料占 68%，这些装饰材料会挥发出 300 多种挥发性的有机化合物。其中甲醛、氨、苯、甲苯、二甲苯、挥发性有机物以及放射性气体氡等，人体接触后，可以引起头痛、恶心呕吐、抽搐、呼吸困难等，反复接触可以引起过敏反应，如哮喘、过敏性鼻炎和皮炎等，长期接触则能导致癌症（肺癌、白血病）或导致流产、胎儿畸形和生长发育迟缓等。

知识点

白血病是一类造血干细胞异常的克隆性恶性疾病。其克隆中的白血病细胞失去进一步分化成熟的能力而停滞在细胞发育的不同阶段。在骨髓和其他造血组织中白血病细胞大量增生积聚并浸润其他器官和组织，同时使正常造血受抑制，临床表现为贫血、出血、感染及各器官浸润症状。

延伸阅读

改善室内空气污染的几种方法：

1. 通风法：最好的办法就是通风，空气流通能降低有毒气体在室内的含量。

2. 植物吸收法：植物有较强的吸收甲醛的能力，如仙人掌、吊兰、芦荟、常春藤、铁树、菊花等。

3. 民间流传土方法：把茶叶渣、柚子皮、洋葱片、菠萝块等放在刚装修完的房间内或者用白醋熏蒸整个房间，但此办法可以快速去味，但不能去除有毒气体。

4. 活性炭吸附法：固体活性炭具有孔隙多的特点，对甲醛等有害物质具有很强的吸附和分解作用，活性炭的颗粒越小吸附效果越好。

5. 光触媒分解法：光触媒中的催化剂在光的刺激下，与空气中的氧气和水分生成负离子和氢氧自由基，能氧化并分解各种有机污染物和无机污染物，并最终降解为二氧化碳、水和相应的酸等无害物质，从而达到分解污染物、净化空气的作用。

6. 化学制剂净化法：目前，市场上的甲醛捕捉剂分为两种，一种是通过中和甲醛，生成无害物质的方式来净化空气；另外一种是通过封闭甲醛，阻止甲醛的挥发来净化空气。

空气清新剂真能改善室内空气吗？

　　说到空气清新剂，可能没有几个家庭不用的，不管是喷雾型的还是小铁盒的，不管是一两元一个的还是十几元一瓶的，很多人都习惯把它作为消除家里异味或者清新空气的主要帮手，尤其是在很多家庭的卫生间里，空气清新剂、芳香剂等更是成了"常住居民"。但在空气清新剂的使用上，可能很多人都有个错觉，觉得只要一用空气清新剂，家里的空气就干净了，其实不然。中国室内装饰协会室内环境监测中心宋广生主任提醒说，空气清新剂大多是化学合成制剂，并不能净化空气，它只是通过散发香气混淆人的嗅觉来"淡化"异味，并不能清除有异味的气体。还有一些空气清新剂，因为产品质量的低劣，本身还会成为空气污染源。宋主任说，如果清新剂含有杂质成分（如甲醇等），散发到空气中对人体健康的危害更大。这些物质会引起人呼吸系统和神经系统中毒和急性不良反应，产生头痛、头晕、喉头发痒、眼睛刺痛等。而一些卫生香或熏香，点燃后所产生的烟雾微粒也会造成家里空气的二次污染。所以，想使家里保持清新的空气，经常开窗通风是最好的办法。

　　家里如果遇到必须使用空气清新剂的情况，则不要在婴幼儿、哮喘病人、过敏体质者在家时使用。对于厕所的除臭，也不要过分依赖空气清新剂，只要保证勤打扫，就能把空气清新剂"请"出家门。

　　和超市里各种各样的空气清新剂相比，其实还有很多天然的"空气清新剂"在农贸市场就能买到。北京中医药大学常章富教授介绍说，在卧室里放一个橘子，它清新的气味，能够刺激神经系统的兴奋，让人神清气爽，也能清除污浊的空气，美化室内的环境。从中

薄　荷

医上来说，橘子具有的芳香味，可以化湿、醒脾、避秽、开窍。橘子除了具有醒脑开窍作用外，当感觉乏力、胃肠饱胀、不想吃东西时，适当闻闻橘子的清香，还可以缓解不适。橘子芳香的气味，还能够使人镇静安神，而橘子柔和的色彩，会给人温暖的感觉，所以把橘子放在床头，还有利于促进睡眠。此外，陈皮、薄荷等具有芳香味的药材也可以当作天然的香味剂。常教授说，槐花飘香，新茶上市，这些都是可用来清新室内空气的"灵丹妙药"。

知识点

薄荷，别名苏薄荷，是唇形科薄荷属植物薄荷（Mentha haplocalys briq），以全草入药。辛，凉，疏散风热，清利头目。主治风热感冒、头痛、咽喉肿痛、无汗、风火赤眼、风疹、皮肤发痒等症。薄荷为芳香族化合物，薄荷油和薄荷脑广泛应用于医药，又是日用品和食品工业的主要原料。薄荷栽培历史很久，是临床常用药，全国各地多有栽培。

延伸阅读

正确的空气消毒方法：

1. 自然通风法：不管天气多么寒冷，每天均应有一段时间开窗通风，最佳时间为上午10时、下午3时左右，一般要通气10~30分钟。

2. 紫外线照射法：无人时，可在每个房间（15平方米左右）安装一只30瓦的低臭氧紫外线灯，照射1小时以上，可杀灭室内空气中90%的病原微生物。

3. 食醋消毒法：食醋中含有醋酸等多种成分，具有一定的杀菌能力，可用作家庭室内的空气消毒。每10平方米可用食醋100~150克，加水2倍，放碗内用文火慢蒸30分钟，煮沸熏蒸时，最好将门窗关闭。每日熏蒸1~2次，连续熏蒸3日。

4. 艾卷消毒法：可以在关闭门窗后，点燃艾卷熏，每25平方米用1个艾卷，半小时后，再打开门窗通风换气。

改善室内空气的常用方法有哪些?

现代社会中,人的一生平均有超过 60% 的时间是在室内度过的,这个比例在城市里高达 80%。因此,室内空气质量与人体健康的关系十分密切。

家庭室内空气污染主要包括两大类:一类是微生物污染物。如细菌、病毒、花粉和尘螨等。室内潮湿的地方,容易滋生真菌,造成微生物污染室内空气。真菌在大量繁殖的过程中,还会散发出令人讨厌的特殊臭气。这些生物污染可以引起房屋使用者的过敏性疾病及呼吸道疾病等健康损害。另一类是气体污染物。如厨房煮饭炒菜产生的一氧化碳、氮氧化物及强致癌物。室内装饰材料、化妆品、新家具等散发出的有毒有害物质,主要有甲醛、苯、醚酯类、三氯乙烯、丙烯腈等挥发性有机物等。人本身也是空气污染源之一,有关数据显示,每人每天呼出约 500 升二氧化碳气体,人的皮肤散发的乳酸等有机物则多达 271 种。据测定,居室内一支香烟的污染比马路上一辆汽车的污染对人体的危害还要大。因此,可以说"家庭环保"的重点就是要消灭这些污染源,这样不仅对家庭成员的健康提供了保证,同时也会减少对外部环境的污染,所以为了营造一个良好的室内环境,我们要设法改善室内空气的质量。

首先,要充分发挥抽油烟机的功能。无论是炒菜还是烧水,只要打开灶具,就应把抽油烟机打开,同时关闭厨房门,把窗户打开,这样有利于空气流通,消除污染物。

其次,在装修房屋的时候,要选择带有环保标志的绿色装饰材料。您可以向中国建筑装饰协会等单位咨询相关情况,也可以请室内监测。

在打扫卫生时,有条件的最好使用吸尘器,或者用拖把和湿抹布。如用扫帚,动作要轻,不要把灰尘扬起加重空气污染。尽量不使用地毯、"鸡毛掸子"。

此外,马桶冲水时放下盖子,平时不用时尽量不要打开。马桶的水箱中最好使用固体缓释消毒剂,并选用安全有效的空气消毒产品来净化空气。

使用空调的家庭,最好能启用一台换气机,其中换热器效率较高者为佳,有的换热效率可达 70% 左右,所排出的冷风可以有效地将从室外抽入的热新风冷却，使室内空气保持新鲜。还有一种有效的办法是使用空气净化器。当然，保持居室空气新鲜洁净，最有效、最经济的办法就是经常通风换气。

知识点

> 微生物污染是指由细菌与细菌毒素、霉菌与霉菌毒素和病毒造成的动物性食品生物性污染。常见的微生物污染是空气的微生物污染和水的微生物污染。空气虽然不是微生物产生和生长的自然环境，没有细菌和其他形式的微生物生长所需要的足够的水分和可利用的养料，但由于人们的生产和生活活动，使空气中可存在某些微生物，包括一些病原微生物，如结核杆菌、白喉杆菌、金葡菌、流感病毒、麻疹病毒等，可成为空气传播疾病的病原。

延伸阅读

如果冲水时马桶盖打开，马桶内的瞬间气旋最高可以将病菌或微生物带到6米高的空中，并悬浮在空气中长达几个小时，进而落在墙壁和物品上。现在大部分家庭中，如厕、洗漱、淋浴都在卫生间里进行，牙刷、漱口杯、毛巾等与马桶共处一室，自然很容易受到细菌污染。因此，应养成冲水时盖上马桶盖的习惯。马桶圈细菌多要重点清洁，污染如此严重的地方恰恰和人们皮肤的接触最"亲密"，因此要重点进行清洁，每隔一两天应用稀释的家用消毒液擦拭。至于布制的垫圈最好不用，如果一定要使用的话，应经常清洗消毒。如果有条件，不妨换一个具有抗菌功能和防溅设计的坐便器。

噪声带来哪些危害？

随着工业生产、交通运输、城市建筑的发展以及人口密度的增加、家用电器（音响、空调、电视机等）的增多，环境噪声日益严重，它已成为污染人类生活环境的一大公害，几乎每个城市居民每天都要遭受噪声之苦。什么是噪声？通俗地说，凡是使人烦躁的、讨厌的、不需要的声音都可称为噪声。音乐、歌声，本来是美妙之音，但对于正在睡眠的人来说，是吵闹的、不需要的声音，所以也是噪声。人们过去只知道噪声对听力的影响，而忽略了它对心血管系统、神经系统、内分泌系统的影响，所以它被人们称为"致人于死命的慢性毒药"。噪声对人的危害主要有：

1. 对人体的生理影响。噪声是一种恶性刺激物，长期作用于中枢神经系统，可使大脑皮质的兴奋和抑制失调，条件反射异常，可出现头晕、头痛、耳鸣、多梦、失眠、心慌、记忆力减退、注意力不集中等症状。严重者可产生精神错乱。噪声可引起植物自主系统功能紊乱，表现为血压升高或降低，心率改变，心脏病加剧，噪声会使人的唾液、胃液分泌减少，胃酸降低，胃蠕动减弱，食欲缺乏，可引起胃病和胃溃疡。噪声对人的内分泌机能也会产生影响，如导致女性性机能紊乱、月经失调、流产率增加等。噪声对儿童的智力发育和心脑功能发育也有不利影响。

2. 干扰休息和睡眠。休息和睡眠是人们消除疲劳、恢复体力和维持健康的必要条件。但噪声使人不得安宁、难以休息和入睡。当人辗转不能入睡时，便会心态紧张，呼吸急促，脉搏跳动加剧，大脑兴奋不止，第二天就会感到疲倦或四肢无力。从而影响到工作和学习，久而久之，就会得神经衰弱症，表现为失眠、耳鸣、疲劳。

3. 损伤听觉器官。我们都有这样的经验，从飞机上下来或从轰鸣的车间里出来，耳朵总是嗡嗡作响，甚至听不清说话声音，过一会儿才会恢复，这种现象叫作听觉疲劳。这是人体听觉器官对外界环境的一种保护性反应。如果长时间遭受强烈噪声作用，听力就会减弱，进而导致听觉器官的器质性损伤，可造成听力下降。

噪声对孩子成长影响有多大呢？家庭、幼儿园、学校的噪声来源是多种多样的。如电视机、录音机、收音机、音箱、大喇叭、课间教室内外学生的大声喧哗、部分电动玩具、机械玩具等。现在一些大商场里都设有游戏场所，这些场所里的游戏机、电动车等噪声也很大。长期处在噪声中会使人的植物神经系统和心血管系统受损，消化机能减弱或紊乱等。长期生活在吵闹的环境中，易使孩子听力下降，精力不集中，做事效率低，出错多。噪声还会影响孩子的睡眠，表现为入睡困难，深度睡眠时间缩短。另外，噪声还会影响胎儿的大脑发育，使正在学说话的孩子学话慢。

因此，在给孩子们看电视、听收音机、录音机时，家长和老师们一定要注意不要把音量调得太大、不要让孩子玩过于吵闹的玩具、不要在吵闹的游戏场所待得时间过长等。另外，不要经常长时间戴耳机听收音机、录音机，据测定从耳机里传出的声音最大可达90分贝以上，特别是在马路上、汽车上等一些公共场所，为了听清耳机中的声音，经常要把音量调大，这样对耳朵刺激更大，久之会使听力下降。在日常生活中，希望家长和老师努力给孩子创造良好的环境，让孩子们健康成长。

噪声污染

知识点

声音由物体振动引起，以波的形式在一定的介质（如固体、液体、气体）中进行传播。我们通常听到的声音为空气声。一般情况下，人耳可听到的声波频率为20～20000赫兹，称为可听声；低于20赫兹，称为次声波；高于20000赫兹，称为超声波。我们所听到声音的音调的高低取决于声波的频率，高频声听起来尖锐，而低频声给人的感觉较为沉闷。声音的大小是由声音的强弱决定的。从物理学的观点来看，噪声是由各种不同频率、不同强度的声音杂乱、无规律组合而成的，乐音则是和谐的声音。

延伸阅读

防治噪声污染的一些办法：

1. 声在传播中的能量是随着距离的增加而衰减的，因此使噪声源远离需要安静的地方，可以达到降噪的目的。

2. 声的传播一般有指向性，处在与声源距离相同而方向不同的地方，接收到的声强度也就不同。不过多数声源以低频传播噪声时，指向性很差；随着频率的增加，指向性就增强。因此，控制噪声的传播方向（包括改变声源的发射方向）是降低噪声尤其是高频噪声的有效措施。

3. 建立隔声屏障，或利用天然屏障（土坡、山丘）以及利用其他隔声材料和隔声结构来阻挡噪声的传播。

4. 应用吸声材料和吸声结构，将传播中的噪声声能转变为热能等。

5. 在城市建设中，采用合理的城市防噪声规划。此外，对于固体振动产生的噪声采取隔振措施，以减弱噪声的传播。

石材的危害到底有多大？

石材，前一段时期与"放射性、辐射"常常联系在一起，让许多想用石材的人因为"石材的放射性"而望而却步，让已使用石材的人更是如坐针毡。其实，任何装饰材料都有天然的放射性，只有其放射线超过标准才有危害。

自然界中任何物质都含有天然放射性元素，只不过不同物质中的放射性元素含量不同。我们周围环境中的土壤、水甚至空气中都有放射性元素，非石材的建筑装饰材料，如水泥、钢材、砖、通体砖等，和石材一样均含有放射性元素。就拿通体砖来说，是由黏土加其他材料烧制而成的，黏土是由岩石风化形成的，黏土和石材一样都是天然形成的，如果黏土中的放射性元素比较高，那由其烧成的通体砖的放射性元素含量也相应会高，因此认为只有石材才有放射性，其他材料不含有放射性的看法是不正确的。卫生部也早就发布了《建筑材料卫生防护标准》，对建筑材料中的天然放射性元素的活度进行了限制规定，以确保使用安全。80%的石材可以放心在室内使用，放射性含量极低的石材还能屏蔽其他材料的辐射。

由于有些人缺少放射性方面的知识，产生了关于石材的一些片面认识，如现在有人认为浅色石材比深色石材的放射性低，其实这并不是绝对的，许多深色石材（如红色）的放射性水平都不高于 A 类规定的标准，比一些浅色石材还低。

早在 1993 年国家建材局发布了《天然石材产品放射防护分类控制标准》，对天然石材根据放射性水平的高低进行了分类，将天然石材分为 A、B、C 三类产品，A 类产品可在任何场合中使用，B 类产品可以用在除居室内饰面以外的一切建筑物的内外饰面和工业设施，C 类标准的石材只可作为建筑物外饰面。80% 的石材样品属于可以在任何场合使用的 A 类石材，其中还有一部分石材的放射性含量极低，甚至比一般的水泥地面、砖的放射性含量还低，在室内使用这种石材，可以起到屏蔽作用，使室内的总辐射降低，具有环保作用。

知识点

放射性元素（确切地说应为放射性核素）是能够自发地从不稳定的原子核内部放出粒子或射线（如 α 射线、β 射线、γ 射线等），同时释放出能量，最终衰变形成稳定的元素而停止放射的元素。这种性质称为放射性，这一过程叫作放射性衰变。含有放射性元素（如 U、Tr、Ra 等）的矿物叫作放射性矿物。

延伸阅读

在全部天然装饰石材中，大理石类、绝大多数的板石类、暗色系列（包括黑色、蓝色、暗色中的绿色）和灰色系列的花岗岩类，其放射性辐射强度都小，即使不进行任何检测也能够确认是 A 类产品，可以放心大胆地用在家庭室内装修和任何场合中。天然石材表面有细孔，所以在耐污方面比较弱，一般在加工厂都会在其表面进行处理。在室内装修中，电视机台面、窗台台面、室内地面等适合使用大理石，而门槛、厨柜台面、室外地面就适合使用花岗石，其中厨柜台面最好是使用深色的花岗石。

垃圾为什么要分类回收？

垃圾分类处理具有良好的经济价值。每利用 1 吨废纸，可造纸 800 千克，相当于节约木材 4 立方米或少砍伐树龄 30 年的树木 20 棵；每利用 1 吨废钢铁，可提炼钢 900 千克，相当于节约矿石 3 吨；1 吨废玻璃回收后，可生产一块相当于篮球场面积的平板玻璃或 500 克瓶子 2 万个；用 100 万吨废弃食物加工饲料，可节约 36 万吨饲料用谷物，可生产 4.5 万吨以上的猪肉。所有这些分类后的垃圾都能转化成我们生活中可持续发展的资源。

研究垃圾问题的专家们认为，一方面可以把有毒有害的东西区分开来处理，杜绝垃圾污染环境；另一方面还可以回收利用，提取有用资源循环使用。垃圾分类收集便于统一处理，减少有毒害的垃圾进入地下或空气中，污染土壤、河流、地下水以及大气等自然环境，最大限度地杜绝这些垃圾危害人们的身体健康，保障人居环境的清洁优美。

生活垃圾可分为三大类：有害垃圾——主要是指废旧电池、荧光灯管、水银温度计、废油漆桶、腐蚀性洗涤剂、医院垃圾、过期药品、含辐射性废弃物等。湿垃圾（有机垃圾）——即在自然条件下易分解的垃圾，主要是厨房垃圾。如果皮、菜皮、剩饭菜食物等。干垃圾（无机垃圾）——即废弃的纸张、塑料、玻璃、金属、织物等，还包括报废车辆、家电、家具、装修废弃物等大型垃圾。绝大多数的干垃圾均可分类回收后加以利用。对于封闭式高层住宅，在每个楼层分层投放（即每个楼层设置一个回收桶，专收一种分类后的垃圾）；一般的低层住宅或平房住宅地区，则在小区内、街道边设置分类垃圾箱，各家的垃圾按要求投放。市容环卫部门会根据垃圾的不同实行填埋、焚烧等方法处理。

有时市政部门为方便行人，在街道旁边设有分为"可回收物"和"不可回收物"（或者称"废弃物"）的两面垃圾箱，如何判别哪些垃圾可回收，哪些垃圾是废弃物，然后粗略地做到垃圾分类呢？"可回收物"主要包括废纸、塑料、玻璃、金属和织物五类，分别举例说明如下：

1. 废纸：包括报纸、期刊、图书、各类包装纸、办公用纸、广告纸、包装纸盒等等，但是纸巾和厕所纸由于水溶性太强不可回收。

2. 塑料：包括各种塑料袋、塑料包装物、一次性塑料餐盒和餐具、牙刷、杯子、矿泉水瓶等。

3. 玻璃：包括各种玻璃瓶、碎玻璃片、镜子、灯泡、暖瓶胆等。

4. 金属物：主要包括易拉罐、罐头盒、牙膏皮、各类金属零件等。

5. 纺织物：包括废弃衣服、桌布、洗脸巾、布书包、布鞋等。

在仅有两个投入口的分类垃圾箱前，可回收以外的垃圾基本上都被算作"不可回收物"（即废弃物），如烟头、鸡毛、煤渣、油漆、颜料、废电池、食品残留物、建筑垃圾等等。由于废旧电池严重危害环境和人体健康，建议大家最好将它们投放到专门的回收装置内。"不可回收物"不等于绝对不能回收，而是因为技术处理、人工、环保等多种条件所限暂时无法被有效利用。

垃圾是放错了地方的财富，分类回收垃圾可以减少新资源的开采，从根本上减少垃圾。垃圾的正确分类与投放，既关系着我们的健康，又是举手之劳的环保行动，每个人从自身做起，养成良好的生活习惯，家园环境就会更加清新整洁！

如果在有条件的情况下，我们还是应该尽可能地将垃圾逐一细分。有害垃圾的一般回收方法——垃圾装袋后投放到红色收集容器内，或根据回收要求和条件细分；湿垃圾（有机垃圾）的一般回收方法——垃圾装袋后投放到黑色收集容器内，或根据回收要求和条件细分；干垃圾（无机垃圾）的一般回收方法——垃圾装袋后投放到绿色收集容器内，或根据回收要求和条件细分。

知识点

玻璃的回收。在废玻璃的回收及其利用方面，我国和世界玻璃工业发达国家相比，起步较晚，但目前已有不少厂家利用回收的碎玻璃料来生产玻璃微珠、玻璃马赛克、彩色玻璃球、玻璃面、玻璃砖、人造玻璃大理石、泡沫玻璃等。有关的科研机构也正在进行深入的研究。

延伸阅读

垃圾分类处理的优点。一是减少占地。生活垃圾中有些物质不易降解，使土地受到严重侵蚀。垃圾分类，去掉能回收的、不易降解的物质，减少垃圾数量达60%以上。二是减少环境污染。土壤中的废塑料会导致农作物减产；抛弃的废塑料被动物误食，导致动物死亡的事故时有发生，因此回收利用可以减少危害。三是变废为宝。中国每年使用塑料快餐盒达40亿个，方便面碗5~7亿个，一次性筷子数十亿双，这些占生活垃圾的8%~15%。生产垃圾中有30%~40%可以回收利用，应珍惜这个小本大利的资源。

居室里种哪些花草更健康？

绿色植物对居室的污染空气具有很好的净化作用。美国科学家威廉·沃维尔经过多年测试，发现各种绿色植物都能有效地吸收空气中的化学物质，并将它们转化为自己的养料。在24小时照明的条件下，芦荟消灭了1立方米空气中所含的90%的醛，常青藤消灭了90%的苯，龙舌兰可吞食70%的苯、50%的甲醛和24%的三氯乙烯，吊兰能吞食96%的一氧化碳、86%的甲醛。绿色植物对有害物质的吸收能力之强，令人吃惊。

事实上，绿色植物吸入化学物质的能力大部分来自于盆栽土壤中的微生物，而并非主要来自于叶子。在居室中，每10平方米栽一两盆花草，基本上就可达到清除污染的效果。这些能净化室内空气的花草有：

1. 紫藤：对二氧化硫、氯气和氟化氢的抗性较强，对铬也有一定的抗性。

2. 龟背竹、虎尾兰和一叶兰：可吸收室内80%以上的有害气体。

3. 柑橘、迷迭香和吊兰：可使室内空气中的细菌和微生物大为减少。

4. 紫菀属、黄耆、含烟草和鸡冠花：这类植物能吸收大量的铀等放射性核素。

5. 常青藤、月季、蔷薇、芦荟和万年青：可有效清除室内的三氯乙烯、硫比氢、苯、苯酚、氟化氢和乙醚等。

6. 桉树、天门冬、大戟、仙人掌：能杀死病菌；天门冬还可清除重金属微粒。

7. 月季：能较多地吸收硫化氢、苯、苯酚、氯化氢、乙醚等有害气体。

8. 芦荟、吊兰和虎尾兰：可清除甲醛。15 平方米的居室，栽两盆虎尾兰或吊兰，就可保持空气清新，不受甲醛之害；虎尾兰白天还可以释放出大量的氧气；吊兰还能释放出杀菌素，杀死病菌，若房间里放有足够的吊兰，24 小时之内，80% 的有害物质会被杀死，它还可以有效地吸收二氧化碳。

虎尾兰

9. 常春藤、无花果、蓬莱蕉和普通芦荟：不仅能对付从室外带回来的细菌和其他有害物质，甚至可以吸纳连吸尘器都难以吸到的灰尘。

知识点

植物杀菌素是植物原来含有的，或在受外来刺激后产生的，对细菌及真菌或其他微生物有杀灭作用的物质。此类杀菌素的主要代表是大蒜素。许多树木能分泌植物杀菌素，如松树分泌的植物杀菌素就能杀死白喉、痢疾、结核病的病原微生物。

延伸阅读

大多数植物白天进行光合作用，吸收二氧化碳，释放氧气；夜间进行呼吸作用，吸收氧气，释放二氧化碳。而有些植物则相反，如仙人掌就是白天释放二氧化碳，吸收氧气，夜间则吸收二氧化碳，释放氧气。这样，晚上在居室内放一盆仙人掌，就可补充氧气，利于睡眠了。在室内养花种草不仅能够绿化、美化居室环境，还可帮助人们抵御室内有害物质的污染和对人体健康的损害。这些花草堪称人类居室"环保卫士"。

家中怎样正确消毒？

家庭成员与社会接触频繁，常易将呼吸道传染病病菌带入家庭。家庭中一旦发生传染病时，应及时做好重点环节的消毒，以防在家庭成员中传播。

一般性消毒主要是指在家中消毒，如空气、地面和家具表面、手、餐具、衣被和毛巾等的日常消毒。

空气消毒：可采用最简便易行的开窗通风换气法，每次开窗 10～30 分钟，使空气流通，使病菌排出室外。

手消毒：要经常用流水和肥皂洗手，在饭前、便后、接触污染物品后最好用含 250～1000mg/L 的 1210 消毒剂或 250～1000mg/L 有效碘的碘伏或用经批准的市售手消毒剂消毒。

餐具消毒：可连同剩余食物一起煮沸 10～20 分钟或可用 500mg/L 的有效氯，或用浓度 0.5% 的过氧乙酸浸泡消毒 0.5～1 小时。餐具消毒时要全部浸入水中，消毒时间从煮沸时算起。

衣被、毛巾等消毒宜将棉布类与尿布等煮沸消毒 10～20 分钟，或用 0.5% 过氧乙酸浸泡消毒 0.5～1 小时，对于一些化纤织物、绸缎等只能采用化学浸泡消毒方法。

另外，在配制消毒药物时，如果家中没有量器也可采用估计方法。可以这样估计：一杯水约 250 毫升，一面盆水约 5000 毫升，一桶水约 10000 毫升，一痰盂水约 2000～3000 毫升，一调羹消毒剂约相当于 10 克固体粉末或 10 毫升液体，如需配制 1 万毫升 0.5% 过氧乙酸，即可在一桶水中加入 5 调羹过氧乙酸原液而成。要使家庭中消毒达到理想的效果，还须注意掌握消毒药剂的浓度与时间要求，这是因为各种病原体对消毒方法的抵抗力不同所致。

知识点

细菌其实分好坏。好细菌：双歧杆菌和乳酸杆菌等对人体的肠胃是很有好处的，能减少感染病毒性腹泻的发生。坏细菌：大肠杆菌可导致肠疾病，金黄色葡萄球菌可导致伤口感染、食物中毒，白色念珠球菌导致妇科疾病，真菌引起皮肤癣病等。

延伸阅读

杀菌产品四宗罪：

1. 好坏不分。这些承诺给我们健康的杀菌产品在杀灭有害病菌的同时，也将有益病菌一并杀灭了，破坏了好坏细菌之间的平衡，使人体的免疫力下降，更容易被疾病侵袭。

2. 散发危险。杀菌产品的主要成分是化学成分，使用时它们在室内挥发，在空气中飘浮，对家人的健康会构成潜在的危害，导致头疼，恶心。

3. 伤害发肤。直接使用某些杀菌产品，其中所含的表面活性剂、助洗剂及其他化学添加剂，能破坏皮肤表面的油性保护层，进而对皮肤造成腐蚀和伤害，对头发及人体的其他器官也有不同程度的侵害。

4. 价格昂贵。相对于皂类和一些不花钱的传统清洁方法，这些杀菌产品无疑会让你的钱包"出血"更多。

怎样用更环保

ZENYANG YONG GENG HUANBAO

人们家庭生活的方方面面都离不开水、电、纸、塑料袋等资源，合理且高效地使用它们，不但能给我们带来种种方便，而且有利于环境保护和人类自身的健康。本部分着重介绍一些生活中必须用品的节能方法，使我们更有效地节约资源、保护好我们的生活环境。

家庭如何节水？

水资源是宝贵的，我们每个人都有义务为节水贡献自己的一份力量。以下是家庭节水的几个途径。

洗衣机节水

洗衣机洗衣物，既省力又方便，但也有不足，就是用水要比手工洗衣多3/5。怎样尽量节约水量呢？您不妨坚持三件以上的衣物用洗衣机洗，小的一两件衣物坚持手洗。特别是要坚持先甩净泡沫后漂洗，这样漂洗两遍衣物也就干净了。这样做的结果，可节约用水1/3多。

厕所节水

（1）如果觉得厕所的水箱过大，可以在水箱里竖放一块砖头或一只装满水的大可乐瓶，以减少每次的冲水量。但须注意，砖头或可乐瓶放置时不要妨碍水箱部件的运动。（2）水箱漏水经常发生，进水的止水橡皮不严，灌水不止，水满以后就从溢流孔流走；出水口止水橡皮不严，就不停流水，进水管不停地进水。及时维修，可以节水。（3）用收集的家庭废水冲厕所，可以一水多用，节约清水。（4）垃圾不论大小、粗细，都应从垃圾通道清除，而不要用马桶水冲。

洗澡节水

用喷头洗淋浴。（1）学会调节冷热水比例。（2）不要将喷头的水自始至终地开着。（3）尽可能先从头到脚淋湿一下，就全身涂肥皂搓洗，最后一次冲洗干净，不要单独洗头、洗上身、洗下身和脚。（4）洗澡要专心致志，抓紧时间，不要悠然自得，或边聊边洗，更不要在浴室里和朋友大打水仗。（5）不要利用洗澡的机会"顺便"洗衣服、鞋子。在澡盆里洗澡，要注意放水不要满，1/3 盆足够用了。

一水多用

（1）洗脸水用后可以洗脚，然后冲厕所。（2）家中应预备一个收集废水的大桶，它完全可以保证冲厕所需要的水量。（3）淘米水、煮过面条的水，用来洗碗筷，去油又节水。（4）养鱼的水浇花，能促进花木生长。

玩具是儿童的亲密伙伴，但有的玩具（如喷水枪）会耗费水量，不值得推荐，特别在水资源稀缺的地方，更不宜使用了。还有一些顽皮的青少年，在自来水龙头边互大打水仗，水花四溅，十分开心，不知不觉间干净的地面被弄湿了，过往的行人被吓得躲躲闪闪，大量的水也被浪费了。

洗餐具时，最好先用纸把餐具上的油污擦去，再用热水洗一遍，最后用较多的温水或冷水冲洗干净。

北方的冬季，水管容易冻裂，造成严重漏水，应特别注意预防和检查。（1）雨季洪水冲刷掉的覆盖沙土，冬季之前要填补上，以防土层过浅冻坏水管。（2）屋外的水龙头和水管要安装防冻设备（防冻栓、防冻木箱等）。（3）屋内有结冰的地方，也应当裹上破麻袋片、缠绕草绳。（4）有水管的屋子要糊好门缝、窗户缝，注意室内保温。（5）一旦水管冻结了，不要用火烤或开水烫（这会使水管、水龙头因突然膨胀受到损坏），应当用热毛巾裹住水龙头以便解冻。

知识点

储存于地球的总储水量约 1.386×10^9 立方千米，其中海洋水为 1.338×10^9 立方千米，约占全球总水量的 96.5%。在余下的水量中地表水占 1.78%，地下水占 1.69%。人类主要利用的淡水约 3.5×10^7 立方千米，在全球总储水量中只占 2.53%。它们少部分分布在湖泊、河流、土壤和地表以下浅层地下水中，大部分则以冰川、永久积雪和多年冻土的形式储存。其中冰川储水量约 2.4×10^8 立方米，约占世界淡水总量的 69%，大都储存在南极和格陵兰地区。

延伸阅读

中国是一个干旱缺水严重的国家。淡水资源总量为 28000 亿立方米，占全球水资源的 8%，仅次于巴西、俄罗斯和加拿大，居世界第 4 位，但人均只有 2300 立方米，仅为世界平均水平的 1/4、美国的 1/5，在世界上名列第 121 位，是全球 13 个人均水资源最贫乏的国家之一。扣除难以利用的洪水径流和散布在偏远地区的地下水资源后，我国现实可利用的淡水资源量则更少，仅为 11000 亿立方米左右，人均可利用水资源量约为 900 立方米，并且其分布极不均衡。到 20 世纪末，全国 600 多座城市中，已有 400 多个城市存在供水不足问题，其中比较严重的缺水城市达 110 个，全国城市缺水总量为 60 亿立方米。

家庭节电的妙招有哪些？

"地球一小时"是 WWF（世界自然基金会）应对全球气候变化所提出的一项倡议，希望个人、社区、企业和政府在特定的时间熄灯一小时，来表明他们对应对气候变化行动的支持。过量二氧化碳排放导致的气候变化，目前已经极大地威胁到地球上人类的生存。我们只有通过改变全球民众对于二氧化碳排放的态度，才能减轻这一威胁对我们的影响。

地球一小时

"地球一小时"旨在让全球社会民众了解到气候变化所带来的威胁，并让他们意识到个人及企业的一个小小动作将给所居住的环境带来怎样深刻的影响——小小改变就可能带来巨大的影响。2007 年 3 月 31 日，该活动首次在澳大利亚的悉尼展开，有超过 220 万的悉尼家庭和企业关闭灯源和电器一小时。随后，"地球一小时"从这个规模有限的开端，以令人惊讶的速度很快席卷了全球。2008 年，有 35 个国家多达 5000 万民众熄灯，以表示他们对"地球一小时"的支持，并证明了个人的行动凝聚在一起真的可以改变世界。

其实，我们可以不只在这特殊的一小时里节约用电，在家庭生活中随时可以运用不同电器的节能妙招，如果你们每天都在运用这些方法，就一定可以更好地节能，为地球的健康做出巨大的贡献。

熄灯前后的水立方

冰　箱

冰箱放置地要选择在室内温度最低，空气流通，不受阳光直射的地方。开门次数要少；存放食品，要待食品凉到室温后再存入冰箱内；及时化霜，冷凝器、冷冻室要保持清洁，以利散热。

HUANJING BAOHU XIAOBAIKE
环境保护生活伴我行
HUANJING BAOHU SHENGHUO BAN WO XING

电　视

控制亮度，一般彩色电视机最亮与最暗时的功耗能相差 30～50 瓦；控制音量，音量大，功耗高，每增加 1 瓦的音频功率要增加 3～4 瓦的功耗；加防尘罩可防止电视机吸进灰尘，灰尘多了就可能漏电，增加电耗。

空　调

温度保持在 26℃，人体感觉很舒适，调温过低则费电；保持过滤网清洁；空调启动时最耗电，不要常开常关；依据住房面积确定选购的型号，制冷量大了造成电力浪费；由于"冷气往下，热气往上"的原理，空调安装位置宜高不宜低。另外，空调千万别加装稳压器，因为稳压器是日夜接通线路的，空调不用时也相当耗电。

电饭锅

煮饭时，只要熟的程度合适即可切断电源，锅盖上盖条毛巾，可减少热量损失；煮饭时应用热水或温水，可省电 30%；电饭锅用毕立即拔下插头，既能减少耗电量，又能延长使用寿命。

照　明

据电力专家介绍，节能灯比白炽灯可节约用电 80%，如果每户都将一个 40 瓦的灯换成同样亮度的 8 瓦节能灯，全市就能减少 15 万千瓦的用电量。

其他家电

家用电器的插头插座要接触良好，否则会增加耗电量，而且还有可能损坏电器。电水壶的电热管积了水垢后要及时清除，这样才能提高热效率，节省电能；使用电热取暖器的房间要尽量密封，防止热量散失，室温达到要求后应及时关闭电源；熨烫衣物最好选购功率为 500 瓦或 700 瓦的调温电熨斗，这种电熨斗升温快，达到使用温度时能自动断电，能节约用电。

现在的家用电器大多有待机功能，上海每户家庭平均每月待机能耗大约 20 度电左右，家电待机浪费申城近 15 万千瓦的电量。因此，尽量不要使家电处于待机状态，家电不用时要彻底关闭电源，拔去电源插座。

知识点

　　电子节能灯，又称为省电灯泡、电子灯泡、紧凑型荧光灯及一体式荧光灯，是指将荧光灯与镇流器（安定器）组合成一个整体的照明设备。节能灯的尺寸与白炽灯相近，与灯座的接口也和白炽灯相同，所以可以直接替换白炽灯。节能灯的正式名称是稀土三基色紧凑型荧光灯，20 世纪 70 年代诞生于荷兰的飞利浦公司。

延伸阅读

　　2011 年"地球一小时"提出了两大改变："地球一小时"的核心主题不再仅仅是气候变化，而是更广泛的环境保护行动。除了在 3 月 26 日晚上 20：30—21：30 熄灯一小时外，"地球一小时"活动还号召大家为保护环境做出一个行动改变。2012 年 3 月 31 日 20：30—21：30，全球迄今为止最大规模的环境保护活动——"地球一小时"又一次在中国掀起环保热潮。这是一个跨越洲际和国界的活动，全球众多城市、企业和数以万计的个人自愿参加，在这一小时内共同熄灭不必要的灯光。今年的"地球一小时"，包括中国人在内的全世界人民都在思考，除了熄灯，我们是否能做得更多。

为什么节能灯更环保？

　　在获得同等照明程度的前提下，普通的日光灯比白炽灯节能已是人所共知的事实，而采用电子镇流器的节能灯相对于普通日光灯（它采用电磁式镇流器）更可节约 40% 的电能。

　　考察灯具节能与否不能孤立地以灯的"绝对功率值"做比较，正确的方法是看灯在单位电功率下的光能量大小（Lm/W），换言之就是要考察其发光效率的大小。以市场上常见的 11W 节能灯和 60W 白炽灯做比较，前者的光通量约 600Lm，光效为 55Lm/W，后者是 630Lm，光效为 11Lm/W，从光通量来看，二者亮度相当，但光效上相差 5 倍，前者的节能效果不言而喻。为什么会出现这样大的差异呢？这要从以下四个方面做出解释：

1. 由于节能灯并非靠物体被加热到白炽态而发光，这就大大降低了白炽灯进行"电—光"转换时的大量热能损耗，节能灯也有灯丝，但它只起到激活电子的功能，耗电很少，这种灯属于典型的"冷光源"。

2. 节能灯采用稀土三基色荧光粉，比起日光灯所用的卤素荧光粉的发光效率更高。

3. 节能灯配用的电子镇流器比老式日光灯配用的电磁式镇流器输出电压的频率要高得多，前者是几万赫兹，后者只有 50 赫兹，高频电压能够更有效地激发荧光粉，这也是前者光效高的一个重要原因。

4. 由于老式电磁式镇流器只能够提供较低的启辉电压，所以它只能配用较粗的灯管，电子式镇流器却可以很轻松地提供高启辉电压，配用细管径灯管很合适，粗细管径的最大区别在于，细径灯管比粗径管节能约 10%。

不仅如此，节能灯如果只以节能论优点就太可惜了，更多的优势，如功率因数高，且呈容性特征，能中和其他家电的感性成分，可以降低线路空耗。

节能灯与普通白炽灯的区别主要有：

1. 光效：节能灯光效高，也就是在相同照度的情况下能耗更小，三基色节能灯的光效一般在 40～80Lm/W，而白炽灯只有 10Lm/W。例如：7W 的三基色节能灯的照度基本上相当于 40W 白炽灯的照度。

2. 寿命：标准的节能灯平均寿命在 5000～8000 小时以上，好的可以达到 10000 小时以上，而白炽灯的平均寿命在 1000 小时左右。

爱迪生发明白炽灯

3. 开关性能：节能灯开关性能差，使用在频繁开关的场合，寿命会急剧缩短，但白炽灯则不明显，所以节能灯不是在任何场合都适用的，在频繁开关的场合还是白炽灯比较适用。

4. 节能灯的热辐射要小得多。

知识点

光通量（luminous flux）是指人眼所能感觉到的辐射功率，它等于单位时间内某一波段的辐射能量和该波段的相对视见率的乘积。光通量的单位为"流明"。光通量通常用 Φ 来表示，符号：Lm。1. 光通量是每单位时间到达、离开或通过曲面的光能量。2. 光通量是灯泡发出亮光的比率。

延伸阅读

人类使用白炽灯泡已有 128 年的历史了。提起白炽灯泡，人们必然会联想起爱迪生。实际上早在爱迪生之前，英国电技工程师斯旺（J. Swan）从 19 世纪 40 年代末即开始进行电灯的研究。经过近 30 年的努力，斯旺最终找到了适于做灯丝的碳丝。1878 年 12 月 18 日，斯旺试制成功了第一个白炽电泡。此后不久，他还在纽卡斯尔化学协会上展示过他的碳丝灯泡。而当他的有关白炽电灯的实验报道在美国发表之后，也曾给爱迪生以直接的帮助。与爱迪生不同的是，斯旺在发明白炽电灯后，直到 1880 年才去申请专利；直到 1881 年才正式投产。而在灯泡投产之后，他未能像爱迪生那样建立相应的发电站和输电网。这样就使得爱迪生后来居上，成了人们公认的白炽电灯的发明家。

如何处理废旧电池？

国际上通行的废旧电池处理方式大致有三种：回收利用、固化深埋、存放于废矿井。

回收利用

1. 真空热处理法

德国阿尔特公司研制的真空热处理法比较便宜，不过这首先需要在废电池中分拣出镍镉电池，废电池在真空中加热，其中汞迅速蒸发，即可将其回收，然后将剩余原料磨碎，用磁体提取金属铁，再从余下粉末中提取镍和锰。

2. 热处理

瑞士有两家专门加工利用旧电池的工厂，巴特列克公司采取的方法是将旧电池磨碎，然后送往炉内加热，这时可提取挥发出的汞，温度更高时锌也蒸发，它同样是贵重金属。铁和锰熔合后成为炼钢所需的锰铁合金。该工厂一年可加工 2000 吨废电池，可获得 780 吨锰铁合金、400 吨锌合金及 3 吨汞。另一家工厂则是直接从电池中提取铁元素，并将氧化锰、氧化锌、氧化铜和氧化镍等金属混合物作为金属废料直接出售。不过，热处理的方法花费较高，瑞士还规定向每位电池购买者收取少量废电池加工专用费。

3. 湿处理

马格德堡近郊区正在兴建一个湿处理装置，在这里除铅蓄电池外，各类电池均溶解于硫酸，然后借助离子树脂从溶液中提取各种金属，用这种方式获得的原料比热处理方法纯净，因此在市场上售价更高，而且电池中包含的各种物质有 95% 都能提取出来。湿处理可省去分拣环节（因为分拣是手工操作，会增加成本）。马格德堡这套装置年加工能力可达 7500 吨，其成本虽然比填埋方法略高，但贵重原料不致丢弃，也不会污染环境。

固化深埋、存放于废矿井

如法国一家工厂就从中提取镍和镉，再将镍用于炼钢，镉则重新用于生产电池。其余的各类废电池一般都运往专门的有毒、有害垃圾填埋场，但这种做法不仅花费太大而且还造成浪费，因为其中尚有不少可做原料的有用物质。

知识点

> 废电池中的铅主要作用于人的神经系统、造血系统、消化系统和肝、肾等器官，能抑制血红蛋白的的合成代谢，还能直接作用于成熟的红细胞，对婴、幼儿的影响很大，它将导致儿童体格发育迟缓，慢性铅中毒的儿童智力低下。

延伸阅读

废电池的危害：（1）对环境：一粒小小的钮扣电池可污染600立方米水，相当于一个人一生的饮水量；一节干电池可污染12立方米水、一立方米土壤，并造成永久性公害。（2）对人类：我们日常所用的普通干电池都含有汞、锰、镉、铅、锌等重金属物质。废电池被弃后，其中的重金属物质会逐渐渗入水体和土壤，造成污染，重金属物质积累到一定量之后，会产生致畸或致变作用，最终导致生物体死亡。

塑料袋的危害有多大？

塑料袋的回收价值低，目前大多未回收而进入环境，其对环境主要有两种危害，即"视觉污染"和"潜在危害"。

视觉污染是指散落在环境中的废塑料制品对市容、景观的破坏。在大城市、旅游区、水体、铁道旁散落的废塑料给人们的视觉带来不良刺激，影响城市、风景点的整体美感。而且损害了我们国家和国民的形象。我们把这种情况称为"视觉污染"。视觉污染是"白色污染"问题最为突出的危害。在我国城市、旅游区、水体中、公路和铁路两侧均不同程度存在着废塑料垃圾的视觉污染，这些废塑料散落在地面上，或随风挂在树枝上飘扬，或漂浮在水面，污染环境、传播疾病，人民群众对此反映强烈。

潜在危害是指废塑料制品进入自然环境后难以降解而带来的长期的深层

次环境问题。塑料结构稳定，不易被天然微生物破坏，在自然环境中长期不降解。这就意味着废塑料垃圾如不加以回收，将在环境中变成污染物永久存在并不断累积。在环境中的危害有以下几个方面：

废塑料随垃圾填埋不仅会占用大量土地，而且被占用的土地长期得不到恢复，影响土地的可持续利用。进入生活垃圾中的废塑料制品很难回收利用，如果将其填埋，200年的时间不降解，会导致大片土地被长期占用，加剧了土地资源的压力。不仅我们这代要被垃圾包围，也会使子孙后代失去生存的空间。

影响工农业生产的发展。废塑料制品混在土壤中不断累积，会影响农作物吸收养分和水分，导致农作物减产；漂浮在长江中的塑料制品给水源取用带来很大困难，造成泵抽空和堵塞，给工业生产和水电站造成巨大损失。

对动物生存构成威胁。抛弃在陆地上或水体中的废塑料制品，被动物当作食物吞入，导致动物死亡。在动物园、牧区、农村、海洋中，此类情况已屡见不鲜。

塑料制品危害男婴和妇女。据美国《环境观察》杂志报道，一种广泛存在于塑料玩具、奶瓶、化妆品和其他塑料消费品中的人工合成化学物质——邻苯二甲酸盐，可能危害男婴的生殖器官，影响孩子的性征发育，甚至引起生殖系统的癌症。几乎在同时，一份发表在《内分泌月刊》上的论文指出，酚甲烷，也是一种在塑料制品中常用的化学物质，可能导致女性患上乳腺癌。

有研究证明塑料的危害大。在一项研究中，研究人员对孕妇进行了尿液采样，分别测量其中所含邻苯二甲酸盐的水平，并将数据与各自所生的婴儿的生理指标进行对比。结果显示，尿液中邻苯二甲酸盐浓度越高的准妈妈，她们所生的婴儿就越有可能出现阴茎短小、隐睾症、尿道下裂等生殖发育异常现象。罗切斯特大学药物和牙科学院的教授沙娜·斯万是这项研究的主持人，论文发表在美国国家环境健康科学研究院主办的月刊《环境观察》杂志上。研究小组指出，这与早前的动物实验结果是相似的，邻苯二甲酸盐能够干扰母鼠怀孕期间睾丸酮（一种雄性激素）的分泌，产生"邻苯二甲酸盐综合征"，导致其诞下的雄性幼鼠精子活动能力降低或死精，并有雌性化倾向。研究还证明，人类可能比老鼠更容易受到这种物质的侵害。

影响了垃圾的综合利用。混有塑料的生活垃圾不适用于堆肥，要从垃圾中分拣出来废塑料，这样又增加了堆肥成本。污染了的废塑料因无法保证质量，其利用价值也很低。随意丢弃的塑料垃圾增加了环境卫生部门的工作强度和压力；塑料垃圾还很易携带细菌、传播疾病等。

知识点

1902年10月24日，奥地利科学家马克斯·舒施尼发明了塑料袋，这种包装物既轻便又结实，在当时无异于一场科技革命，人们外出购物时顿感一身轻松，因为商店、菜市场都备有免费的塑料袋。可舒施尼做梦也没想到他的这项发明100年后给人类带来了环保灾难。

延伸阅读

限制塑料袋的使用已成为世界各国环保的举措之一。德国大多数商店为顾客提供塑料、帆布和棉布3种购物袋。德国的塑料袋本身就是环保型塑料袋，是可降解的，质地好，很结实，可以重复使用。不管顾客选用哪种购物袋，都要先付费。英国主要大型连锁超市目前既提供免费塑料袋，也提供可重复使用的购物袋，售价10便士到20便士不等。大型连锁超市TESCO通过奖励积分的方式鼓励顾客不用塑料袋或重复使用购物袋，这种做法颇有成效。

如何终结白色污染？

"白色污染"现状

"白色污染"是指人们随意抛弃在自然界中的白色废旧塑料包装制品（如塑料袋、塑料薄膜、农用地膜、快餐盒、饮料瓶、包装填充物等），散落在路边、草地、街头、水面、农田及住宅周围等，这种随处可见的现象，称为"白色污染"。

白色污染

塑料制品的广泛应用，确实给人们生活带来不少方便，但塑料制品是一种高分子聚合物，不易降解或需几百年才能降解，因此形成"白色污染"不但破坏市容环境，危害人体健康，而且影响农作物生长及产量，危害动物安全。

据报道，北京市生活垃圾日产量为 1.5 万吨，其中塑料含量为 3%，每年约 17.5 万吨；上海市垃圾日产量为 1.4 万吨，其中塑料含 7%，每年总产量约 36.8 万吨，凡此种种，对环境造成了严重的危害。白色污染的主要危害表现如下：

1. 视觉的危害。大量的废旧塑料制品在大城市、旅游区、水体中、铁道边到处可见，给人们的视觉带来不良刺激，严重破坏了市容景观，尤其铁路两旁，由于管理不善，有些不文明的乘客将用过的餐盒抛之窗外，甚至有的列车员也将垃圾抛出车外，造成铁道两旁地面、树木塑料袋随风起舞极不雅观。

2. 生活垃圾难以处置。由于大量废弃塑料制品进入生活垃圾，导致垃圾更难处置。

3. 对农业生产的影响。废旧塑料遗弃在土壤中，由于长期不降解不仅会影响农作物吸收养分和水分，造成土壤板结，导致减产，而且会污染土壤和地下水。

4. 危及动物安全。漂浮在水面和散落在地面的塑料制品容易造成动物误食，严重的会造成动物死亡。

防治对策

解决"白色污染"既要有法律的制约，又要有市场经济政策的调节，同时还需要宣传教育的推动，以此来提高人们的环境保护参与意识，培养人们良好的生活习惯和方式。

1. 政府部门可以出台一些有关政策法规，限制销售难于降解的塑料制品，号召人们行动起来用布袋、纸袋、竹篮等代替不易降解污染环境的塑料包装。当然开始人们会不习惯，但有了法治要求，日子久了人们就会习惯。例如从 1995 年起我们的邻国韩国就开始了垃圾袋收费制度，按照规定居民必须购买政府规定的垃圾袋装垃圾（这种垃圾袋是可降解的产品），一般家庭使用透明垃圾袋，事业单位使用的是浅黄色袋子。袋上标有容量、生产地址，还标有"不使用政府规定的垃圾袋，罚款 100 万韩元"的警告语。

2. 利用各行政单位和组织、新闻媒体、学校等广泛宣传普及有关知识、大力宣传白色污染产生的原因及其危害，提高公众环保意识，积极参与废塑料的回收，提倡使用有利于环境保护的包装材料。

3. 限制或禁用难以收集的一次性塑料包装物。在形成"白色污染"的废旧塑料中几乎全是塑料包装物，尤其是一次性发泡塑料餐盒和一次性使用的超薄塑料袋等，前者在我国生产能力达到 70 亿个。由于重量轻、体积庞大、难于清洗、造成的回收成本高，难于有效回收利用。后者由于使用极为广泛，人们随手乱扔使污染随处可见，所以禁用上述两种包装物是当务之急。

4. 积极开展有关生产可降解塑料的研究，可以通过政策倾斜，扶助发展可降解塑料制品的生产，来解决白色污染问题。

知识点

生物降解塑料可分为完全生物降解塑料和破坏性生物降解塑料两种。完全生物降解塑料主要是由天然高分子（如淀粉、纤维素、甲壳质）或农副产品经微生物发酵或合成具有生物降解性的高分子制得。破坏性生物降解塑料当前主要包括淀粉改性（或填充）聚乙烯 PE、聚丙烯 PP、聚氯乙烯 PVC 等。

延伸阅读

　　1985 年，美国人均消费塑料包装物就已达 23.4 千克，日本为 20.1 千克。20 世纪 90 年代，发达国家人均消费塑料包装物的数量更多。从消费量来看，似乎发达国家的"白色污染"应该很严重，实则不然。究其原因，一是发达国家很早就严抓市容管理，基本消除了"视觉污染"，二是发达国家生活垃圾无害化处置率较高。

怎样使用电脑更节能？

　　正确使用电脑的"休眠""等待""关闭"等选项，使电脑处于低能耗模式，可以将能源使用量降到一半以下。

　　而计算机进入"休眠"状态时，则会关闭硬盘、CPU、内存、显示器的所有电源，节能效果更好。从休眠状态恢复时，保存在硬盘的内容会重新写回内存中，时间比"等待"略长，但一般也只需 30 ~ 40 秒。

　　在暂时不使用电脑时，选择"等待"状态下关机，即切断了硬盘及 CPU 的电源，只向内存供电，耗电量相对较小。由于数据被保存在内存中，因此只需 10 ~ 20 秒就可以恢复到关机时的状态。

　　关机之后，要将插头拔出，否则电脑会有约 4.8 瓦的能耗。在用电脑听音乐或者看影碟时，最好使用耳机，以减少音箱的耗电量。

　　此外，电脑里边的尘土过多会影响散热，要对电脑经常保养，注意防潮、防尘，保持机器清洁，才能节约电能，延长电脑的使用寿命。

知识点

　　有关调查表明，各种电子产品的最低能耗排序从大到小依次为电脑主机、电饭煲、DVD 机、音响功放、VCD 机、录像机、打印机和电视。电脑主机的能耗不容小视，电脑原来是个"电老虎"。

延伸阅读

长时间不使用时，关闭电脑主机和显示器。在"控制面板—电源"选项中，设置"电源使用方案"，在设定时间内，电脑未接到键盘或鼠标的信号会自动关闭硬盘和显示器，减少能耗，若收到外来信号，电脑会自动恢复运行。选择合适的电脑配置和外接设备，电脑显示器越大，能耗越高。

怎样减少手机对人体的辐射？

手机在通信时会产生辐射，这些辐射出来的电磁波会对人体有伤害作用，因此手机用户一定要增强自我保护意识。那么我们有什么有效的方法来减少手机对自己的辐射呢？

1. 通话时应远离手机。许多手机用户在拨叫或者接听电话时，喜欢用耳朵紧贴手机或者天线，以求能更清晰地与对方交流，殊不知手机的电磁辐射强度是与距离成反比的，也就是说手机与人体的距离从 1 厘米拉近到 0.5 厘米，其影响力就提高了一倍。因此，笔者建议大家，在手机接通或者拨出的那一刻，身体应该远离手机，即使在通话的过程中，也要与手机天线保持一定的距离。

2. 注意手机的摆放位置。由于手机只要处于待机状态就会产生辐射，而且辐射对人的各个器官造成的危害也是不同的。医学专家建议我们，手机不用时最好放在包里，或是夹克衫的口袋里，但不要放在胸前的口袋中，也不要直接挂在胸前，手机发出的辐射就不会侵害我们的身体了。

3. 使用绿色手机。尽管众多独立科研机构的调查显示，至今尚未发现手机有害健康的证据，但手机电磁辐射问题已越来越被广大消费者所关注。由于不同制式的手机辐射量也不同，GSM 标准的手机辐射标准较高，而 CDMA 手机的辐射功率较低，对人体危害小，因此选择 CDMA 手机也是有效减少手机有害辐射的方法之一。

4. 可以使用免提耳机。为了避免辐射，用户在通话时应该远离手机，但如果距离手机太远，又会影响手机的通话质量。为了保证通话质量并避免辐射，我们可以使用免提耳机来接听电话，这样可以帮助手机用户减少移动电话释放的90%以上的电磁辐射。

5. 手机不用时应尽量关闭电源。许多人都会有一个错误的认识，认为手机只有在接听或者拨出的一刹那才会产生电磁辐射，而处于待机状态时不会产生电磁辐射。其实，手机只要接通电源，就会发出电磁辐射，只是手机在通信的时候发出的辐射量要大于待机时的辐射量。因此，为了将电磁波对人体的伤害降至最低，我们在暂时不用手机时，应记得将手机电源关闭而不要将其设置在待用状态。

6. 多喝绿茶可以防辐射。长期受到手机辐射的用户，他们的收缩压、心率、血小板和白细胞的免疫功能等都会受到一定程度的影响，并会引起神经衰弱等症状。美国夏威夷大学曾有研究显示，多喝绿茶可能在预防辐射上有重要作用。研究发现，茶叶中含有较多的脂多糖，而脂多糖可以改善机体的造血功能。人体注入脂多糖后，在短时间内即可增强机体非特异性免疫力，饮茶能有效地阻止放射性物质侵入身体。茶叶具有抗辐射作用已被人们逐渐认识，并加以充分的利用。由于现代生活中的电磁辐射污染一时还难以避免，通过饮茶方式对抗辐射污染，是目前最为简便易行且行之有效的方法，经常使用手机的用户不妨平时多喝绿茶。

知识点

CDMA（Code Division Multiple Access）又称码分多址，就是利用展频的通讯技术，因而可以减少手机之间的干扰，并且可以增加用户的容量，而且手机的功率还可以做得比较低，不但可以使使用时间更长，更重要的是可以降低电磁波辐射对人体的伤害。

延伸阅读

手机辐射对人的头部危害较大，它会对人的中枢神经系统造成机能性障碍，引起头痛、头昏、失眠、多梦等症状。在美国和日本，已有不少怀疑是因手机辐射而导致脑癌的案例。美国马里兰州一名患脑癌的男子认为使用手机使他患上了癌症，于是对手机制造商提起了诉讼。

怎样使用冰箱更绿色？

目前地球上已出现很多臭氧层漏洞，有些漏洞已超过非洲面积，其中主要是由于氟利昂这种化学物质。氟利昂是臭氧层破坏的元凶，它是 20 世纪 20 年代合成的，其化学性质稳定，不具有可燃性和毒性，被当作制冷剂、发泡剂和清洗剂，广泛用于家用电器、泡沫塑料、日用化学品、汽车、消防器材等领域。20 世纪 80 年代后期，氟利昂的生产达到了高峰，产量达到了 144 万吨。在对氟利昂实行控制之前，全世界向大气中排放的氟利昂已达到了 2000 万吨。由于它们在大气中的平均寿命达数百年，所以排放的大部分仍留在大气层中，其中大部分仍然停留在对流层，一小部分升入平流层。在对流层相当稳定的氟利昂，在上升进入平流层后，在一定的气象条件下，会在强烈紫外线的作用下被分解，分解释放出的氯原子同臭氧会发生连锁反应，不断破坏臭氧分子。科学家估计一个氯原子可以破坏数万个臭氧分子。

根据资料，2003 年臭氧空洞面积已达 2500 万平方千米。臭氧层被大量损耗后，吸收紫外线辐射的能力大大减弱，导致到达地球表面的紫外线 B 明显增加，给人类健康和生态环境带来多方面的危害。据分析，平流层臭氧减少万分之一，全球白内障的发病率将增加 0.6% ~0.8%，即意味着因此引起失明的人数将增加 1 ~1.5 万人。为了保护地球和人类自己，我们要尽可能选择不再用氟利昂作为冷冻剂的无氟冰箱。

冰箱是厨房中的"用电大户"，它的使用是否合理关系到全家人的食品质量。您在选择冰箱的时候，也许仅仅考虑到绿色环保，竟没有想过如何才能减少能耗？

人们都知道，冷冻后的鱼肉等食品会丧失鲜味和口感，放了几天的蔬菜也会丢失养分。因此，与其过度地依赖冰箱，经常在冷冻室里放一大堆食品，把冰箱塞得满满当当，不如经常购买新鲜食品。

冰箱中堆积的食物不应当超过容积的 2/3，否则既浪费电，又会降低制冷效率，使食物中可能滋生过量的微生物。建议大家不妨买个小冷冻室、多储藏室、温度可调的冰箱，将次日要吃的鱼和肉放在0℃~1℃的保鲜盒中暂存，将蔬菜用保鲜膜包好放在冷藏室中，3天之内吃完。炎热的夏季，包装上注明可以在室温下保存的纸盒装、瓶装饮料不必统统放进冰箱，而是取马上要喝的一两瓶放进去。

剩菜反复加热会损失营养物质，同时产生有害物质，所以最好适量地做菜，当餐把菜肴吃完。这样既能保证菜肴的营养和卫生，又给冰箱减轻了负担。

知识点

白内障（cataract）是发生在眼球里面晶状体上的一种疾病，任何晶状体的混浊都可称为白内障，但是当晶状体混浊较轻时，没有明显地影响视力而不被人发现或被忽略而没有列入白内障行列。根据调查，白内障是最常见的致盲和视力残疾的原因，人类约25%患有白内障。

延伸阅读

向您推荐几个冰箱节能省电的小妙招：

1. 冰箱摆放在环境温度低，而且通风良好的位置，要远离热源，避免阳光直射。摆放冰箱时，顶部左右两侧及背部都要留有适当的空间，以利于散热。

2. 在平时存取食物时，尽量减少开门次数和开门时间。因为开一次门冷空气散开，压缩机就要多运转数十分钟，才能恢复冷藏温度。

3. 要待热的食品冷却后，才能放进电冰箱。因为热食品含热量较高，会使冰箱内温度快速上升，还会增加蒸发器表面结霜的厚度，导致压缩机工作时间增长，增加耗电量。

你知道电饭锅省电的秘密吗？

如今电饭锅已经是很多家庭的必备厨具，它一方面方便了人们的生活，另一方面也加大了家庭的用电量。在日常的生活中，电饭锅应该如何省电呢？

选择功率适当的电饭锅。实践证明，煮1千克的饭，500瓦的电饭锅需30分钟，耗电0.25千瓦时；而用700瓦电饭锅约需20分钟，耗电仅0.23千瓦时，功率大的电饭锅，省时又省电。

煮饭巧用节电窍门。使用电饭锅煮米饭时最好提前淘米，用开水煮饭，煮饭用水量要掌握在恰好达到水干饭熟的标准。饭熟后要立即拔下插头，否则，当锅内温度下降到70℃以下时，它会断断续续地自动通电，既费电又会缩短电饭锅的使用寿命。用电饭锅煮饭时，在电饭锅上面盖一条毛巾可以减少热量损失。另外，煮饭时还可在水沸腾后断电7~8分钟，再重新通电，这样也可以充分利用电饭锅的余热达到节电的目的。

注意电热盘的清洁。电饭煲最重要的器件是电热盘，平时就要保持电热盘的表面清洁。如电热盘表面被食品的油腻或是杂物黏着后，就无法与内锅紧密接触，会影响它的导热性能，使耗电量增加。电热盘表面与锅底如有污渍，应擦拭干净或用细砂纸轻轻打磨干净，以免影响传感效率，浪费电能。

避峰用电是好的节电方法。用电高峰时，往往会导致电压偏低，当电压低于其额定值10%时，同样的功率则须延长用电时间12%左右，用电高峰时最好别用或者少用电饭锅等家用电器。

电饭锅勿当电水壶用。同样功率的电水壶和电饭锅同时烧一暖瓶开水，前者只需5~6分钟，而后者需20分钟左右。

知识点

电饭煲又称作电锅，是利用电能转变为热能的炊具，常见的电饭煲分为保温自动式、定时保温式以及新型的微电脑控制式三类。电饭煲的发明缩减了很多家庭花费在煮饭上的时间。世界上第一台电饭煲，是由日本人井深大的东京通讯工程公司于1950年发明的。

延伸阅读

用电饭锅煮饭，用水量应根据米质及所需米饭的软硬程度来确定。通常一杯米加一杯半水左右为宜，如果放水多了，电饭锅会将锅中的水全部蒸发后才能进入保温状态，这样既耗电又无实际意义。如果用热水或温水煮饭，节电效果更明显。

如何使用空调更健康？

空调是每个家庭的必备家用电器，在使用空调时如何更节能更环保，可参考以下方法。

空调省电主要取决于"开机率"，即启动时最耗电，因此不要频繁开关机。

设定室温时，不要和室外温度相差太大，如室外30℃，室内设定25℃就可以了。如觉得不凉，可再将设定温度下调几度，这样空调高频运转时间短，可省电。需要指出的是，有人为了省电，经常将空调时开时关，其实空调频繁开关最耗电，而且很容易损耗压缩机。

打开空调的前5～10分钟可先调高温度设定，维持送风可较省电。

安装空调时尽量选择背阴的房间或房间的背阴面，避免阳光直接照射在空调器上，如果不具备这种条件，就应在空调器上加遮阳罩。

使用空调的房间，最好挂一层较厚的窗帘，这样可阻止室内外冷热空气交流。

空调不宜从早开到晚，最好在清晨气温较低的时候停一停，这样既可省电，又可调节室内空气。

应经常清除空调过滤网上的灰尘，一方面可保持空气清洁，另一方面可使空气循环系统保持畅通，以达到省电的目的。定期清除室外机散热片上的灰尘，因为灰尘过多，会使空调用电增多，严重时还会引起压缩机过热、保护器跳闸。

分体式空调器室内外机组之间的连接管越短越好，以减少耗电，并且连接管还要做好隔热保温。

变频空调利用其变频调节输出能力的特征，有效地避免了空调器重复启动造成的耗电浪费。

1.5P 空调一般只能调节 15～20 平方米的房间温度，省不省电主要取决于空调压缩机工作时间的长短。当房间温度低于空调设定温度时，压缩机就停止工作，只有风扇电机在吹风，当房间温度逐渐升高到设定温度时，压缩机又重新开始工作，省电就是要尽量减少压缩机的启动时间。

依据住房面积选择空调器的型号。目前一般按每平方米 200W 制冷量计算。

尽量避免将空调器的制冷温度调到最低度数，人体舒适的温度是 25℃～28℃左右。开空调时温度定得太低，既耗电又容易使人感冒。

空调房间的密闭性一定要好，窗户要关严，以保持冷气不流失。白天最好放下窗帘，以防止阳光照射产生更高热量。

利用空调器的定时开关功能在入睡后定时将空调器关闭，半夜利用定时功能将空调开启 1～2 小时，可有效地避免空调器整晚频繁启动，达到省电效果。

知识点

空调到底是谁发明的呢？是被称为"空调之父"的威利斯·哈维兰·卡里尔。他是美国人，1876 年 11 月生于纽约州，24 岁在美国康奈尔大学毕业后，供职于制造供暖系统的布法罗锻冶公司，当机械工程师。

延伸阅读

以下的事件可以看作空调的里程碑：

1924 年卡里尔公司为底特律的赫德逊大百货公司安装了空调。

1925 年为纽约里沃利大剧院安装了中央空调。

1928 年美国国会安装了空调。

1929 年白宫安装了空调。

1936 年空调开始进入飞机。

1939 年开始出现空调汽车。

1962 年第一套冷暖空调应用于太空领域。

废纸的价值有多大?

生产纸需要大量的植物和水源,造纸还会产生很多的有害物质污染环境。节约用纸就可以减少造纸,就是保护森林,保护河流湖泊,保护我们的生存环境,就是保护我们自己的健康。

造纸的原料主要有木材、芦苇、稻草、麦草、竹子等,其中最主要的就是木材。我国每年至少消耗 1000 万立方米的木材,大约相当于 10 年生树木 2 亿株,生产一吨纸大约要 10 年生的树木 20 株。造纸除了上述的原料外,还需要用大量的水和一些化学药剂等。造纸中加入的化学药品和原料本身含有的杂质在制浆、过滤、脱水等过程中都会随废水排出,污染河流湖泊。造纸废水含有大量的有机物、碱性物质、硫化物等制浆处理时的药品。目前,我国乡镇企业小造纸厂的废水(造纸黑液)污染是河湖污染的最主要原因。

其实,废纸的价值很大,完全可以回收后重新利用。

再生纸:废纸再生。据统计,每吨废纸可再生 800 千克新纸,并可节约木材 4 立方米(0.7 吨),纯碱 400 千克,标准煤 400 千克,电 500 千瓦,水 470 吨,降低生产成本 250～300 元。

家庭用具:新加坡等国手工艺人将废旧报纸、书刊卷成细圆条,并在外面裹上塑料纸,用于手工编织地毯、坐垫、提包、猫窝、门帘,他们甚至还用这种材料制作茶几、书桌、床等家庭用具,其成品美观轻巧而且经久耐用。

生产甲烷:瑞典科研人员将废纸打成浆,加入厌氧微生物后置于反应炉内,使废纸纤维素、甲醇和碳水化合物转化为甲烷。

酒精:美国能源部专家利用特制的酶素破坏废纸中的纤维素后,再经发酵制造出了标准的酒精。

改良土壤:美国阿拉巴马州采用废纸屑与鸡粪混合的方法改良盐碱地。

加入这种混合物可以使土壤变得异常松软。

人造板材：捷克科研人员将5层废纸加合成树脂在80℃的温度下压制成胶合硬纸板，用以制作各种箱包。

建筑材料：印度利用废纸、棉纱头、椰子纤维和沥青模压缩出隔热性能好、不透水、不易燃、耐腐蚀的沥青瓦楞板新型建筑材料。

知识点

废纸，泛指在生产生活中经过使用而废弃的可循环再生资源，包括各种高档纸、黄板纸、废纸箱、切边纸、打包纸、企业单位用纸、工程用纸、书刊报纸等等。在国际上，废纸一般区分为欧废、美废和日废三种。在我国，废纸的循环再利用程度与西方发达国家相比比较低。

延伸阅读

学生们的用纸浪费现象很严重，这会破坏生态平衡，可从以下几个方面做出改变。

1. 将旧练习本中未用完的纸张装订起来，做草稿本。

2. 尽量节约用纸，无论是手纸还是餐巾纸，能用手帕代替的就用手帕代替。

3. 在废报纸上练习写毛笔字和画国画。

4. 有些包装纸，可以做成手工艺品，美化生活。

5. 尽量不用一次性碗筷。

6. 多种植物。

如何清洗饮水机？

很多人都认为桶装纯净水干净卫生，因此饮水机在使用很长一段时间后，依然不清洗，这是不正确的。饮水机也需要清洗，步骤并不复杂。办公室的饮水机由于经常换水，一般 3~4 个月清洗一次，家庭饮水机一般 3~6 个月清洗一次。

清洗饮水机可参照以下步骤：

1. 切断饮水机电源。

2. 将 5 加仑水瓶垂直向下插入机器上部的聪明座，开启红色热水龙头及蓝色冷水龙头，直至有水放出后关闭水龙头，再用双手捧住瓶身向上取出水瓶。

3. 清洗饮水机外部和聪明座。

4. 将 600mL 专用清洗消毒液倒入贮水罐。

5. 10 分钟后，开启红、蓝放水龙头直至消毒液放完。

6. 旋开机器背部或底部放水阀，将饮水机内的消毒液排尽。

7. 用开水或纯净水反复冲洗几次。

8. 旋紧放水阀，消毒灭菌操作程序完成。

除了上述这种方法外，还可以用日常简易处理法。首先，放空饮水机里的水，把水桶取下来，打开存水的水槽，然后准备一个柠檬，把柠檬一分为二，挤出柠檬水并加水，按照 1：10 的比例调匀，倒入水槽内，浸泡半小时。以前用户清洗都喜欢用消毒液，清洗后饮水时会闻到消毒液的味道。而用柠檬清洗，一方面柠檬的酸度能起到消毒的作用，另一方面会残留柠檬的清香。此外，在家中无人或者晚上休息时，务必将饮水机的电源关掉；桶装水用完时，应马上换新水，否则长时间干烧可能引发火灾。

知识点

桶装水是指采用自来水或抽取地下水，经过现代工业技术（反渗透、电渗析、蒸馏、树脂软化等）处理而成的纯净水或矿泉水，由灌装生产线灌装至 PVC 桶得到的产品，分为纯净水、矿泉水和矿物质水（由纯净水人工加入矿物质而成）等。

延伸阅读

饮水机的问题主要有三个方面，一是水沸腾温度不足，绝大多数的饮水机最高温度是95℃，再沸腾温度是90℃，泡茶杀菌的温度不够；二是对于饮水机的温水反复加热，形成所谓的"千滚水"，令水中的微量元素、矿物质积累形成不可溶微粒；三是饮水机内部难以清洗，容易积累水垢、细菌。

何为生态旅游?

国际自然保护联盟（IUCN）特别顾问、墨西哥专家豪·谢贝洛斯－拉斯喀瑞（H. Ceballos-Lascurain）在1983年首次在文章中使用"生态旅游"这一概念，它不仅被用来表征所有的观光自然景物的旅游，而且强调被观光对象不应受到损害，是在持续管理的思想指导下开展的旅游活动。

随着经济的增长、科学技术的发展和社会的进步，一方面在人们生活水平日益提高的同时，人们的生活环境和生活质量却面临下降的威胁，广大旅游者对回归大自然、欣赏大自然美景、享受原野风光和自然地域文化的需求与日俱增；另一方面，却面临着许多旅游区已不同程度地遭受污染和破坏的被动局面，有些旅游区的环境和生态污染十分严重，影响了旅游业的进一步发展。因而，如何使旅游业的增长与环境保护协调发展，怎样既发展旅游业，又保护好自然生态环境，既开发旅游资源，又保证持续利用，诸如此类的问题迫切需要寻求新的解决方法和应对措施。因此，生态旅游这一内涵丰富的概念便应运而生了。

在世界上，并不是每个地方都具备开展生态旅游的条件。目前，野生动物资源使非洲成为世界生态旅游的重要发源地之一，尤其是南部非洲的肯尼亚、坦桑尼亚、南非、博茨瓦纳、加纳等

青海湖鸟岛

国，已成为当今国际生态旅游的热点地区。在亚马孙河流域的哥斯达黎加、洪都拉斯、阿根廷、巴西、秘鲁等国家也是生态旅游较发达的地区。在亚洲，印度、尼泊尔和印度尼西亚以及马来西亚是最早开展生态旅游活动的地区。此外，英国、德国、日本、澳大利亚的生态旅游也有所发展。这些地区和国家开展的生态旅游活动主要有野生动物参观、原始部落之旅、生态观

中国最佳生态旅游县缙云

察、河流巡航、森林徒步、赏鸟、动物生态教育以及土著居民参观等。

我国的生态旅游主要是依托于自然保护区、森林公园、风景名胜区等发展起来的。1982 年，我国第一个国家级森林公园——张家界国家森林公园建立，将旅游开发与生态环境保护有机地结合起来。此后，森林公园建设以及森林生态旅游有了突飞猛进的发展，虽然这时候开发的森林旅游不是严格意义上的生态旅游，但

云南丽江玉龙雪山

是为生态旅游的发展提供了良好的基础。

目前，国内开放的生态旅游区主要有森林公园、风景名胜区、自然保护区等。生态旅游开发较早、较为成熟的地区主要有香格里拉、西双版纳、长白山、澜沧江流域、鼎湖山、广东肇庆、新疆哈纳斯等地。

知识点

"生态旅游"这一术语，最早由世界自然保护联盟（IUCN）于1983年首先提出，1993年国际生态旅游协会把其定义为：具有保护自然环境和维护当地人民生活双重责任的旅游活动。生态旅游的内涵更强调的是对自然景观的保护，是可持续发展的旅游。

延伸阅读

按开展生态旅游的类型划分，我国目前著名的生态旅游景区有九大类：

1. 徒步探险生态景区，以西藏珠穆朗玛峰、罗布泊沙漠、雅鲁藏布江大峡谷等为代表。

2. 观鸟生态景区，以江西鄱阳湖越冬候鸟自然保护区、青海湖鸟岛等为代表。

3. 冰雪生态旅游区，以云南丽江玉龙雪山、吉林延边长白山等为代表。

4. 山岳生态景区，以五岳、佛教名山、道教名山等为代表。

5. 森林生态景区，以吉林长白山、湖北神农架、云南西双版纳热带雨林等为代表。

6. 漂流生态景区，以湖北神农架等为代表。

7. 草原生态景区，以内蒙古呼伦贝尔草原等为代表。

8. 湖泊生态景区，以长白山天池、肇庆星湖、青海青海湖等为代表。

9. 海洋生态景区，以广西北海及海南文昌的红树林海岸等为代表。

怎样行更低碳
ZENYANG XING GENG DITAN

在长途旅行中，火车和长途汽车比飞机和小汽车更环保。在 1000 千米以内的旅行尽量不要乘坐飞机，因为飞机起飞和降落会消耗更多燃料，造成更大的污染。在所有的交通工具中，火车比飞机更清洁和节能，能源消耗要降低 40%～70%，污染降低 85%。短途旅行中，如果火车或者长途汽车在座位不空的情况下，要比飞机节省 2～3 倍的能源，越长的路程，节省得就越多。这就是真相！如果你能买到火车票，你还会选择坐飞机或小汽车吗？本部分着重介绍出行时的各种节能环保妙招，相信你一定会选择更低碳的绿色出行！

面对"国际无车日"，你作何感想？

9 月 22 日是"国际无车日"。20 世纪 90 年代后期，许多欧洲城市面临着由汽车造成的空气和噪音污染日益严重的状况，这使得很多国家都组织倡导在城市中不开车的运动。1998 年 9 月 22 日，法国有 35 座城市的市民自愿在这一天弃用私家车，这一天成为法国的"市内无汽车日"，它注定是一个影响深远的日子。

一年后，1999 年 9 月 22 日，66 个法国城市和 92 个意大利城市参加了第一届"无车日"活动。2000 年 2 月，法国首创的无车日倡议被纳入欧盟的环保政策框架内。在短短几个月里，欧盟的 14 个成员国和其他 12 个欧洲国家决定加入欧洲无车日运动。在 2000 年的 9 月 22 日，参与欧洲无车日的人数就达到 7000 万，参与城市达到 760 个。无车日活动在中国的城市也正在开展。2001 年，成都成为中国第一个、亚洲第二个举办无车日活动的城市；2002 年，台北也将无车日选在了 9 月 22 日。

毋庸置疑，车的出现是社会的一种进步，而"无车日"并不是要禁车，而是要通过这一天引发人们的更多思考，换一种更节约的方式生存和发展。让人与车、车与自然及人与自然的关系更为和谐。

研究表明，虽然汽车尾气都会造成污染，影响人体健康，但不同种类和不同燃料的汽车，排放的污染物差别很大。普通柴油车颗粒物的排放因子远高于汽油车，使用液化石油气和天然气的公交车会大大降低总污染物的排放。

在环境问题日益严重的今天，用无车的方式去关爱处于重负中的城市，虽不能解燃眉之急，却可以唤醒人们对环境问题的重视，才有可能从根本上解决环境问题。我们需要飞速的发展，但我们更需要有良好的生态环境、健康的生命和绿色交通理念……我们不能仅仅有担忧和抱怨，更重要的是要积极行动起来，积极主动地选择步行、骑自行车、乘公交车等绿色出行方式，自觉抵制那种无节制消耗资源和污染环境的方式，选择有利于环境的生活方式来善待地球，回归并体验清洁、静谧、高效的城市生活。

知识点

绿色出行就是采用对环境影响最小的出行方式，即节约能源、提高能效、减少污染、有益于健康、兼顾效率的出行方式。乘坐公共汽车、地铁等公共交通工具，合作乘车、环保驾车、文明驾车，或者步行、骑自行车……努力降低自己出行中的能耗和污染，这就是"绿色出行"。

延伸阅读

不同类型的交通工具人均能源消耗是不一样的，以下是各种交通工具能源消耗的比较（以公共汽车单车为1）。

交通工具类别	每人千米能源消耗	交通工具类别	每人千米能源消耗
小汽车	8.1	地铁	0.5
摩托车	5.6	轻轨	0.45
公共汽车（单车）	1	有轨电车	0.4
公共汽车（专用道）	0.8	自行车	0

▌▌▌ 谁是大气污染的"元凶"？

汽车是人们生活中不可缺少的交通运输工具之一。目前，全世界拥有汽车约5亿辆，平均10人一辆。汽车排出的有害气体在当前已取代了粉尘，成为大气环境的主要污染源。汽车尾气可谓大气污染的"元凶"。据不完全统计，世界每年由汽车排入大气的有害气体——一氧化碳（也就是人们常说的煤气）达2亿多吨，大致占总毒气量的1/3以上，汽车多的美国和日本几乎达到1/2，成为城市大气中数量最大的毒气，而且它在大气中寿命很长，一般可保持两三年，是一种数量大、累积性强的毒气。

汽车尾气污染物主要包括：一氧化碳、碳氢化合物、氮氧化合物、二氧化硫、烟尘微粒（某些重金属化合物、铅化合物、黑烟及油雾）、臭气（甲醛）等。据统计，美国洛杉矶市汽车等流动污染源排放的污染物已占大气污染物总量的90%；每千辆汽车每天排出一氧化碳约3000千克，碳氢化合物200~400千克，氮氧化合物50~150千克。

汽车尾气最主要的危害是形成光化学烟雾。汽车尾气中的碳氢化合物和氮氧化合物在阳光作用下发生化学反应，生成臭氧，它和大气中的其他成分结合就形成光化学烟雾，其对健康的危害主要表现为刺激眼睛，引起红眼病；刺激鼻、咽喉、气管和肺部，引起慢性呼吸系统疾病。光化学烟雾能使树木枯死，农作物大量减产；能降低大气的能见度，妨碍交通。

汽车尾气中一氧化碳的含量最高，它可经呼吸道进入肺泡，被血液吸收，与血红蛋白相结合，形成碳氧血红蛋白，降低血液的载氧能力，削弱血液对人体组织的供氧量，导致组织缺氧，从而引起头痛等症状，重者窒息死亡。

汽车尾气中的二氧化硫和悬浮颗粒物，会增加慢性呼吸道疾病的发病率，损害肺功能。二氧化硫在大气中含量过高时，会随降水形成"酸雨"。

汽车尾气中的氮氧化合物含量较少，但毒性很大，其毒性是含硫氧化物的 3 倍。氮氧化合物进入肺泡后，能形成亚硝酸和硝酸，对肺组织产生剧烈的刺激作用，增加肺毛细血管的通透性，最后造成肺气肿。亚硝酸盐则与血红蛋白结合，形成高铁血红蛋白，引起组织缺氧。

汽车尾气中的铅化合物可随呼吸进入血液，并迅速地蓄积到人体的骨骼和牙齿中，它们干扰血红素的合成、侵袭红细胞，引起贫血；损害神经系统，严重时损害脑细胞，引起脑损伤。当儿童血中铅浓度达 0.6 ~ 0.8ppm 时，会影响儿童的生长和智力发育，甚至出现痴呆症状。铅还能通过母体进入胎盘，危及胎儿。

汽车尾气中的碳氢化合物有 200 多种，其中 C_2H_4 在大气中的浓度达 0.5ppm 时，能使一些植物发育异常。汽车尾气中还发现有 32 种多环芳烃，包括 3，4 - 苯并芘等致癌物质。当苯并芘在空气中的浓度达到每立方米 0.012μg 时，居民中得肺癌的人数会明显增加。离公路越近，公路上汽车流量越大，肺癌死亡率越高。

知识点

铅中毒：环境中的铅经食物和呼吸途径进入人体，引起消化、神经、呼吸和免疫系统急性或慢性毒性影响，通常导致肠绞痛、贫血和肌肉瘫痪等病症，严重时可发生脑病甚至导致死亡的现象。

延伸阅读

汽车一般从三个地方排气：一是从排气管排出，约占总排放量的 65%；二是从曲轴箱里泄漏出来，约占 20%，人们坐在汽车里闻到的汽油味就是从这里漏出来的；三是油箱、汽化器等系统泄漏的。这些有害气体扩散到环境中便造成空气污染。

汽车为什么会产生有害气体？汽车排放的标准有哪些？

汽车排放是指从废气中排出的 CO（一氧化碳）、HC + NO$_x$（碳氢化合物和氮氧化物）、PM（微粒，碳烟）等有害气体。它们都是发动机在燃烧做功过程中产生的有害气体，这些有害气体产生的原因各异。CO 是燃油氧化不完全的中间产物，当氧气不充足时会产生 CO，混合气浓度大及混合气不均匀都会使排气中的 CO 增加。HC 是燃料中未燃烧的物质，由于混合气不均匀、燃烧室壁冷等原因造成部分燃油未来得及燃烧就被排放出去。NO$_x$ 是燃料（汽油）在燃烧过程中产生的一种物质。PM 也是燃油燃烧时缺氧产生的一种物质，其中以柴油机最明显。因为柴油机采用压燃方式，柴油在高温高压下裂解更容易，产生大量肉眼看得见的碳烟。

为了抑制这些有害气体的产生，促使汽车生产厂家改进产品以降低这些有害气体的产生源头，欧洲和美国都制定了相关的汽车排放标准。其中欧洲标准是我国借鉴的汽车排放标准，目前国产新车都会标明发动机废气排放达到的欧洲标准。

欧洲标准是由欧洲经济委员会（ECE）的排放法规和欧共体（EEC）的排放指令共同加以实现的，欧共体即是现在的欧盟（EU）。排放法规由 ECE 参与国自愿认可，排放指令是 EEC 或 EU 参与国强制实施的。汽车排放的欧洲法规（指令）标准 1992 年前已实施若干阶段，欧洲从 1992 年起开始实施欧Ⅰ（欧Ⅰ认证排放限值）、1996 年起开始实施欧Ⅱ（欧Ⅱ认证和生产一致性排放限值）、2000 年起开始实施欧Ⅲ（欧Ⅲ认证和生产一致性排放限值）、2005 年起开始实施欧Ⅳ（欧Ⅳ认证和生产一致性排放限值）。

欧Ⅴ标准于 2009 年 9 月 1 日开始实施。根据这一标准，柴油轿车每千米氮氧化物的排放量不应超过 180 毫克，比目前标准规定的排放量减少了28%；颗粒物排放量则比目前标准规定的减少了 80%。届时，所有柴油轿车必须配备颗粒物滤网。不过，柴油 SUV 执行欧Ⅴ标准的时间被推迟至 2012

年9月。

相对于欧Ⅴ标准，将于2014年9月实施的欧Ⅵ标准更加严格。根据欧Ⅵ标准，柴油轿车每千米氮氧化物的排放量不应超过80毫克，比目前标准规定的排放量减少68%。欧盟官员称，与欧Ⅴ标准相比，欧Ⅵ标准对人体健康的益处将增加60%~90%。

目前在我国新车常用的欧Ⅰ和欧Ⅱ标准等术语，是指当年EEC颁发的排放指令。例如适用于重型柴油车（质量大于3.5吨）的指令"EEC88/77"分为两个阶段实施，阶段A（即欧Ⅰ）适用于1993年10月以后注册的车辆；阶段B（即欧Ⅱ）适用于1995年10月以后注册的车辆。

汽车排放的欧洲法规（指令）标准的内容包括新开发车的认证试验和现生产车的生产一致性检查试验，从欧Ⅲ开始又增加了在用车的生产一致性检查。

汽车排放的欧洲法规（指令）标准的计量是以汽车发动机单位行驶距离的排污量（g/km）计算，因为这对研究汽车对环境的污染程度比较合理。同时，欧洲排放标准将汽车分为总质量不超过3500千克（轻型车）和总质量超过3500千克（重型车）两类。轻型车不管是汽油机或柴油机，整车均在底盘测功机上进行试验；重型机由于车重，则用所装发动机在发动机台架上进行试验。

知识点

高排放车就是黄标车，指排放量大、浓度高、排放的稳定性差的车辆。由于这些车辆大多是于1995年以前领取牌证，尾气排放控制技术落后，尾气排放达不到欧Ⅰ和欧Ⅱ标准，环保部门只发给黄色环保标志。绿标车是指尾气排放达到欧Ⅰ或欧Ⅱ标准的车辆，由环保部门发给绿色环保标志。

延伸阅读

欧洲商用汽车废气排放标准（仅供参考）

标准类别	实施时间	HC（%）	CO（%）	NO$_x$（%）	PM（%）
欧洲Ⅰ号标准	1995 年底前	1.1	4.5	8	0.36
欧洲Ⅱ号标准	1995 年~2000 年	1.1	4	7	0.15
欧洲Ⅲ号标准	2000 年~2005 年	0.66	2.1	5	0.1
欧洲Ⅳ号标准	2005 年底起	0.46	1.5	3.5	0.02

欧洲柴油汽车废气排放标准（仅供参考）

标准类别	实施时间	HC + NO$_x$（%）	CO（%）	PM（%）
欧洲Ⅰ号标准	1995 年底前	1.36	2.72	0.196
欧洲Ⅱ号标准	1995 年~2000 年	0.9	1.0	0.1
欧洲Ⅲ号标准	2000 年~2005 年	0.56	0.64	0.05
欧洲Ⅳ号标准	2005 年底起	0.3	0.5	0.025

你知道汽车噪声的种类吗？

行驶中的车辆，会产生各种动态噪声：

1. 发动机噪声：车辆发动机是噪声的一个来源，它的噪声产生随着发动机转速的不同而不同（主要通过前叶子板、引擎盖、挡火墙、排气管产生和传递）。

2. 胎噪：胎噪是车辆在高速行驶时，轮胎与路面摩擦所产生的，视路况车况来决定胎噪大小，路况越差胎噪越大，另外柏油路面与混凝土路面所产生的胎躁有很大区别（主要通过四车门、后备箱、前叶子板、前轮弧产生和传递）。

3. 路噪：路噪是车辆高速行驶的时候风切入形成噪声及行驶带动底盘震动产生的，还有路上沙石冲击车底盘也会产生噪声，这是路噪的主要来源（主要通过四车门、后备箱、前叶子板、前轮弧产生和传递）。

4. 共鸣噪和其他：车体本身就像是一个箱体，而声音本身就有折射和重叠的性质，当声音传入车内时，如没有吸音和隔音材料来吸收和阻隔，噪声就会不断折射和重叠，形成共鸣声（主要通过噪声进入车内，叠加、反射产生）。

5. 风噪：风噪是指汽车在高速行驶的过程中迎面而来的风的压力已超过车门的密封阻力进入车内而产生的，行驶速度越快，风噪越大（主要通过四门密封间隙，包括整体薄钢板产生和传递）。

➡️ 知识点

发动机（engine），又称为引擎，是一种能够把其他形式的能转化为另一种能的机器，通常是把化学能转化为机械能（把电能转化为机械能的称为电动机）。有时它既适用于动力发生装置，也可指包括动力装置的整个机器，比如汽油发动机、航空发动机。发动机最早诞生在英国，所以，发动机的概念也源于英语，它的本义是指"产生动力的机械装置"。

延伸阅读

路噪和胎噪是因为轮胎和路面摩擦产生震动的噪声，所以减震是最好的方法，用减振板或专用减振板和吸音垫及车门密封条对叶子板和车地板及车门进行全面施工，可以从减震、吸音、隔音三个源头改善胎噪和路噪。风噪是因为风的压力超过车门的密封抗阻力而形成的，所以加强密封阻力是最直接最根本的解决方法，车门密封条和内心密封条就能很好地解决这一问题。

什么是空气污染指数？

随着社会经济的快速发展，工业化水平的提高，人类活动对环境产生的影响越来越大，尤其是在城市集中了大量的工厂、车辆、人口。空气质量由于以上原因，逐渐开始恶化，哪些地方在恶化，恶化程度如何，发展趋势如何，专家关心它，人民关心它，政府更关心它。在新闻媒体上公开发布空气质量状况有利于环保工作的公开透明化，也有助于促进公众环保意识的提高和对环保工作的参与。空气质量根据报告时间的不同可分为：每小时报告的称为时报，每天报告的称为日报，每周报告的称为周报。

空气污染指数（air pollution index，简称 API）就是将常规监测的几种空气污染物浓度简化成为单一的概念性指数值形式，并分级表征空气污染程度和空气质量状况，适合于表示城市的短期空气质量状况和变化趋势。空气污染的污染物有：烟尘、总悬浮颗粒物、可吸入悬浮颗粒物（浮尘）、二氧化氮、二氧化硫、一氧化碳、臭氧、挥发性有机化合物等等。

空气污染指数是根据空气环境质量标准和各项污染物的生态环境效应及其对人体健康的影响来确定污染指数的分级数值及相应的污染物浓度限值。空气质量周报所用的空气污染指数的分级标准是：（1）空气污染指数（API）50 点对应的污染物浓度为国家空气质量日均值一级标准；（2）API100 点对应的污染物浓度为国家空气质量日均值二级标准；（3）API200 点对应的污染物浓度为国家空气质量日均值三级标准；（4）API 更高值段的分级对应于各种污染物对人体健康产生不同影响时的浓度限值。

根据我国空气污染特点和污染防治重点，目前计入空气污染指数的项目暂定为：二氧化硫、氮氧化物和可吸入颗粒物或总悬浮颗粒物。随着环境保护工作的深入和监测技术水平的提高，将调整增加其他污染项目，以便更为客观地反映污染状况。

知识点

空气是指包围在地球周围的气体，它维护着人类及生物的生存。对人类及生物生存起重要作用的是距地面 12 千米以内的空气层，也就是对流层。清洁的空气是由氮（78.06%）、氧（20.95%）、氩气（0.93%）等气体组成的，这三种气体约占空气总量的 99.94%，其他气体总和不到千分之一。

延伸阅读

空气污染指数的级别有以下几种，空气污染指数API、空气质量状况对健康的影响、建议采取的措施分列如下：

0 ～ 50 优

51 ～ 100 良　可正常活动。

100 ～ 200 轻度污染　易感人群症状有轻度加剧，健康人群出现刺激症状，心脏病和呼吸系统疾病患者应减少体力消耗和户外活动。

200 ～ 300 中度污染　心脏病和肺病患者症状显著加剧，运动耐受力降低，健康人群中普遍出现症状，老年人和心脏病、肺病患者应停留在室内，并减少体力活动。

小于 300 重污染　健康人运动耐受力降低，有明显强烈症状，提前出现某些疾病，老年人和病人应当留在室内，避免体力消耗，一般人群应避免户外活动。

汽车怎样行驶更省油?

轻加油，轻刹车，早刹车

总是大脚踩油门，耗油量自然要增加，在保证汽车正常行驶的前提下适当减小油门幅度，不仅能节省汽油，还能降低车厢内的噪声。在保证安全的条件下提前轻踩刹车同样能省油，因为在相同的行驶路段内，刹车距离的增加就意味着踩油门距离的缩短。

合适的挡位与车速

换挡时机尽量选择在2500 ～ 3000转之间，这样能在保证动力供应的前提下得到比较好的经济性。不要太早或太晚换挡，太早了动力不足，太晚油耗增加。车速可以控制在每小时70 ～ 90千米，这同样是在油耗和速度之间找一个比较好的平衡点，太快了油耗增加，太慢了影响效率。

重视新车磨合期

磨合期的驾驶方法正确与否，对于日后发动机燃油经济性的影响也是很大的，因此一定要牢记时速不超过 80 千米、转速不超过 4000 转等雷打不动的新车磨合期驾驶原则，千万不要破戒。

可以滑行，但不要放空挡

首先要澄清一个概念，空挡滑行是否省油？目前市场上销售的车型绝大多数都是电喷车，电喷车在空挡滑行时发动机系统按照怠速条件喷油，挂挡滑行时分为两种情况：当转速高于怠速时，发动机系统停止喷油；当转速回落到怠速范围后，才按照怠速条件进行喷油，因此电喷车空挡滑行时并不是最省油的状态，所以在条件允许的情况下，多进行一些挂挡滑行。

合理使用空调

合理使用空调也能降低油耗。在春天或秋天温度适宜的时候，时速小于60 千米时可以开窗通风，而不必开空调，或者只用空调的通风功能，而不用它的制冷功能，这样空调压缩机就不会启动，从而省油。但在时速高于 90 千米就不建议开窗通风，因为此时的空气阻力很大，开空调反而更省油。

冬季预热，但时间别太长

冬季早上起来开车时，最好先进行一下预热，这样对于延长和保护发动机的寿命都有好处，但时间不宜过长，只要看到水温表从最低上升到刻度范围内，就可以起步了，否则就会无谓地增加油耗。

路线规划有学问

俗话说"条条大路通罗马"，我们到达目的地的途径往往不止一条，因此上路之前规划线路是非常必要的，正确的路线往往能事半功倍，油耗自然也会降低。我们在选择路线时应该遵循以下原则：多环路（高架）、少城路；多右转、少左转；多大路、少小路。在时间和路线上尽量避开堵车的路段，因为堵车时的油耗是相当高的。

知识点

　　油门踏板又称加速踏板。是汽车燃料供给系的一部分。通过控制其踩踏量，来控制发动机进气量，从而控制发动机的转速。

延伸阅读

　　新车磨合期注意事项：

　　1. 起步先预热。冷启动时，最好等水温预热到40℃以上再起步。起步时应轻踩慢抬离合器和加速踏板，并选择良好的路面行驶。凉车时候也不要轰油门。

　　2. 速度需控制。处于磨合期的车，一定要控制好驾车的速度，不能速度太高，时速最好控制在50～80千米/时，不要超过100千米/时。在开过1500千米后可逐渐把转速和车速提高到车辆允许的最高速度，而且不要用力踩油门，以保证活塞、气缸及其他一些重要的部件在缓和的状态下提高负荷。

　　3. 挡位要勤换。不要长时间使用一个挡位，应以低挡起步，逐步换为高挡，循序渐进地行驶。低挡高速、高挡低速的现象一定要避免。

　　4. 制动分离合。处于磨合期间的车辆在制动的时候，要先踏下离合踏板，使齿轮啮合松开后再踩制动踏板，这样可以减少新车发动机、制动系统、底盘的冲击损伤。但是这种"先离后刹"的方法是不符合驾车规范的，它仅限于处于磨合时期的车辆。在度过磨合期后，从离合器的保养方面，我们还是应该"先刹后离"。

为减少尾气的危害，我们能做什么？

　　乙醇汽油是一种由粮食及各种植物纤维加工成的燃料乙醇和普通汽油按一定比例混配形成的替代能源。按照我国的国家标准，乙醇汽油是用90%的普通汽油与10%的燃料乙醇调和而成。它可以有效改善油品的性能和质量，降低一氧化碳、碳氢化合物等主要污染物排放。它不但不影响汽车的行驶性能，而且可减少有害气体的排放量。

目前我国燃料乙醇的生产原料主要是玉米、甘蔗、甜高粱等，根据测算，平均每3.3吨玉米可生产1吨燃料乙醇。乙醇生产能够转化掉我国库存的陈放粮。

车用酒精与工业酒精、食用酒精相比最大的区别是水和杂质的含量少，国家标准规定必须小于0.8%，所以车用乙醇出厂时都必须加变性剂，让它从颜色或味道上区别于食用酒精。在我国，车用乙醇出厂前加3%～5%的汽油，让它在味道上区别于食用酒精。而欧洲一些国家则在其出厂前加颜色，如蓝色、红色等。

MTBE（methylter-tiary-butylether）即国内所说的甲基叔丁基醚，它能提高汽油的氧含量，使其燃烧更完全，因此可减少向大气中排放燃烧的副产品，比如臭氧和一氧化碳。美国许多大城市，以及整个加利福尼亚州，从20世纪90年代中期起为了减少大气污染，在汽油里添加了MTBE。尽管这一措施减少了空气污染，但是从地下存储泄漏出的MTBE已对地下水造成了污染，有些水库也被船只和滑水艇漏出的汽油污染。

研究发现，用于减少汽车尾气污染物的汽油添加剂MTBE会对水源造成长期污染，美国研究人员通过调查发现MTBE对饮用水的污染远比想象的更加严重。更为严重的是，这种化合物残留在井下可形成持久的危害。即使禁止使用MTBE后的很长一段时间内，它仍将残留在水源里继续造成污染。

MTBE可在大鼠身上诱发癌症，但它对人类健康的影响仍不清楚。所以，美国环保局也未对该添加剂采取系统的管理。但是，低浓度的MTBE就可给水带来不愉快的味道和气味，使其无法饮用。美国地质勘探局南达科他州分部领导的一个水质量调查小组检测了全美各城市及其附近的482口水井，其中的13%测到MTBE的含量。地质勘探局康涅狄格州分部汇总了美国东北部和临中大西洋的10个州的不同社区的16717个水样的记录，发现其中9%含有MTBE。这两项研究还发现有2%的水源中MTBE浓度超过了美国环保局规定的含量应低于一亿分之二的标准。即使水井中MTBE浓度远低于标准时，人们已经在强烈要求除去水中的MTBE，因为它使水有难闻的味道。

目前阿拉斯加州和缅因州已禁止使用MTBE，加利福尼亚州也将在短时间内逐步取缔该添加剂。而眼下我国国内却在大量使用这种添加剂，显然美国的情况值得引起我们的高度重视。

知识点

　　汽油添加剂是燃油添加剂的一种简称，一般还包含柴油添加剂，是为了弥补燃油自身存在的质量问题和机动车机械制造极限存在的不足，从而达到对汽油发动机能够克服冷激效应、缝隙效应，清除进气阀、电喷嘴的积碳，对柴油发动机能够克服喷油嘴难以更加细雾化以及产生残油后滴的问题，对汽油和柴油发动机车辆都能够达到保护发动机工况、实现燃油的更完善和更完全的燃烧，从而达到清除积碳、节省燃油、降低排放、增强动力等功效。

延伸阅读

　　加利福尼亚的两个研究小组发现在土壤和蓄水层中自然过程似乎无法降解 MTBE。劳伦斯利弗莫尔国家实验室的环境学家安娜·哈帕尔和加州大学戴维斯分校的水文学家格拉哈姆·佛歌分别领导的小组研究表明，MTBE 污染的地下水可以在十年间渗透几百米而基本上不降解，比危险碳氢化合物（比如苯）的降解时间还要长得多。

车内空气怎么被污染了？

　　眼下汽车正大量走进家庭，人们在选购爱车的时候大都比较注重汽车的华丽外表和卓越的机械性能，却很少关心汽车室内环境是否污染或空气是否达标等问题，因此在驾乘爱车时有人就不同程度地出现了车内眩晕、恶心、甚至呕吐等不适症状。

　　起初，很多人还以为就是一般的晕车现象，其实问题并不是那么简单。懂得汽车内装饰的人都知道，现在汽车的内装饰材料绝大部分采用的是化工制品，像脚下的丙纶地毯、橡胶脚垫，头顶的各种化纤装饰布、仪表盘、方向盘、海绵坐椅等等比比皆是，还有在车内黏结装饰材料所使用的各种化工胶水。这些化工材料同聚一堂所挥发的化学成分满布在狭小的汽车内，从而造成了车室内空气的重度污染，它会随同空气一起被人吸入体内，尤其是新车问题更为突出。其实，这才是造成我们乘驾车时感觉不适的主要原因。

还有车内空调，由于不经常使用就会在空调系统内滋生大量病菌和螨虫，一旦使用空调时这些病菌和螨虫就会随着空调风被吹进车内而污染空气，非常容易使我们患病。此外，汽车发动机产生的一氧化碳、汽油气味，均会使车内空气质量下降。车用空调蒸发器若长时间不进行清洗护理，就会在其内部附着大量污垢，所产生的胺、烟碱、细菌等有害物质弥漫在车内狭小的空间里，导致车内空气质量差甚至缺氧。

这其中又以车内装饰品挥发的甲醛等有毒气体危害最严重，购买新车后一定要注意车内空气质量，必要时可以做一下车内空气净化处理。

➤ 知识点

螨虫是一种肉眼不易看见的微型害虫，种类很多，目前发现在居室内生活的螨虫有40余种，其中与人体健康有关的有十多种。最常见的有尘螨、粉螨、蠕螨、疥螨等。调查表明，成年人约有97%感染螨虫，其中以尘螨为主。尘螨的尸体、分泌物和排泄物都是可致病的过敏原。

🌱 延伸阅读

新车内的异味主要来自以下几方面：

1. 来自新车本身。由于安装在车内的塑料材质的配件、地毯、车顶毡、沙发等都含有可释放的有害气体，如果不经过释放期，就会造成车内污染。

2. 空气芳香剂、防臭剂。放置在车内的空气芳香剂或者防臭剂，不仅会加速汽车面板的老化，还含有有毒气体甲醛，对人体的伤害很大。

3. 来自车内装饰。多数车主喜欢自己装饰爱车，另外有些经销商以送装饰为优惠条件，使一些含有有害物质的坐套垫、胶黏剂进入车内。这些装饰材料多含有苯、甲醛、丙酮、二甲苯等有毒气体，从而造成车内污染。

附录：争做环保使者
FULU ZHENGZUO HUANBAO SHIZHE

一个地球，可以满足人类的温饱；十个地球也满足不了人类的贪欲！

地震、火山爆发、泥石流、海啸、龙卷风、干旱、洪水等灾难越来越频繁！强度越来越大！地球到底怎么了？

工业文明在高速发展的同时，也埋下了毁灭文明的种子，现代的生活方式以及所依赖的科学技术已将人类推向了危险境地！人类以对地球无止境的索取，来满足自己无止境的欲望。而这一切物质享受都是以破坏生态为代价的，严重打破了地球母亲的生态系统：砍光了森林使母亲之肺呼吸困难，挖空煤炭矿藏使母亲骨断筋折，抽干石油耗尽母亲的血液……遍体鳞伤的地球母亲，再也无法承受我们这些不孝儿女无休止的破坏……地球母亲变得暴躁不安、喜怒无常……

今天，已经到了万物生死存亡、地球资源枯竭和生态环境严重恶化的最危难的时刻！英国的一项调查显示，九成英国人给手机、笔记本电脑、数码相机、电动牙刷等电子产品充满电后不及时断开电源，一年因过度充电浪费1.34 亿英镑（约合 2.1 亿美元）。年轻人更容易给电子产品过度充电，过度充电者中，18～24 岁的人数是 55 岁及以上人数的 4 倍。如果人类继续这样伤害地球，最终疼痛的将是我们自己！

现在就让我们立刻行动起来吧，人人争做环保使者，走到哪里，就把环保生活理念植入哪里！

不要过分追求穿着的时尚

倡步行，骑单车

不使用非降解塑料餐盒

不燃放烟花爆竹

双面使用纸张

节约粮食

关注新闻媒体有关环保的报道

利用每一个绿色纪念日宣传环境意识

阅读和传阅环保书籍、报刊

了解绿色食品的标志和含义

了解家乡水体分布和污染状况

支持环保募捐

反对奢侈，简朴生活

支持有环保倾向的股票

认识环保标志

拒绝使用一次性用品

随手关闭水龙头

一水多用

随手关灯，节约用电

使用布袋

尽量乘坐公共汽车

拒绝过分包装

不随意取土

多用肥皂，少用洗涤剂

使用节约型水具

拒绝使用珍贵木材制品

尽量利用太阳能

尽量使用可再生物品

使用节能型灯具

修旧利废

不恫吓、投喂公共饲养区的动物

少使用发胶

减卡救树

不穿野兽毛皮制作的服装

少用罐装食品、饮品

不用圣诞树

不在野外烧荒

不购买野生动物制品

不乱扔烟头

认识国家重点保护动植物

不鼓励制作、购买动植物标本

不吃田鸡，保蛙护农

提倡观鸟，反对关鸟

拒食野生动物

不把野生动物当宠物饲养

观察身边的小动物、鸟类，并为之提供方便的生存条件

不参与残害动物的活动

不鼓励买动物放生

不围观街头耍猴者

动物有难时热心救一把，动物自由时切莫帮倒忙

不虐待动物

见到诱捕动物的索套、夹子、笼网果断拆除

在室内、院内养花种草，在房前屋后栽树

节省纸张，回收废纸

垃圾分类回收

回收废电池、废金属、废塑料、废玻璃

尽量避免产生有毒垃圾

少用室内杀虫剂

不滥烧可能产生有毒气体的物品

自己不吸烟，奉劝别人少吸烟

少吃口香糖

不追求计算机的快速更新换代

集约使用物品

优先购买绿色产品

私车定时查尾气

选用大瓶、大袋装食品

组织义务劳动，清理街道、海滩

避免旅游污染

参与环保宣传

做环保志愿者

认识草原危机、保护森林、保护海洋

爱护古树名木，保护文物古迹

及时举报破坏环境和生态的行为